BEIHEFTE ZUR
ZEITSCHRIFT FÜR ROMANISCHE PHILOLOGIE

BEGRÜNDET VON GUSTAV GRÖBER
FORTGEFÜHRT VON WALTHER VON WARTBURG
HERAUSGEGEBEN VON KURT BALDINGER

110. HEFT

Leo Pollmann

Chrétien de Troyes und der Conte del Graal

MAX NIEMEYER VERLAG TÜBINGEN 1965

Chrétien de Troyes
und der
Conte del Graal

von

Leo Pollmann

MAX NIEMEYER VERLAG TÜBINGEN 1965

Gedruckt mit Unterstützung der Deutschen Forschungsgemeinschaft

Satz und Druck der Buchdruckerei Eugen Göbel Tübingen
Einband von Heinr. Koch Tübingen

Inhaltsverzeichnis

Vorwort

Nur wenige Werke der Weltliteratur haben so viele Bewunderer und Interpreten gefunden wie der Graalsroman von Chrétien de Troyes. Ein Grund hierfür liegt darin, daß wir in diesem *Conte del Graal* mit Recht das gelungenste literarische Produkt der sogenannten Renaissance des 12. Jahrhunderts sehen, ein weiterer in der Tatsache, daß uns dieser Roman bis auf den heutigen Tag hinsichtlich seiner textlichen Grenzen ebenso wie in bezug auf seinen letzten Sinn ein Rätsel geblieben ist.

Man mag sich fragen, ob es überhaupt wünschenswert ist, daß diese Rätsel gelöst werden, haben sie doch so offensichtlich dem Ruf des Romans und seiner Anziehungskraft, auch wohl seinem Wert eher genützt als geschadet.

Wenn wir uns dennoch daran machen, im folgenden das textliche wie auch das den „sen" betreffende Rätsel, das den *Conte del Graal* umgibt, anzugehen, so deshalb, weil wir es für wünschenswert halten, daß der *Conte del Graal* in seiner reinen, von Chrétien gestifteten Gestalt klar erkannt werde, und wir glauben, daß sich dann die Frage nach dem „sen" und der literargeschichtlichen Stellung des *Conte del Graal* besser stellen und beantworten läßt. Im übrigen sehen wir den Zweck unserer Untersuchung keineswegs in dem utopischen Ziel einer Lösung der beiden genannten Rätsel, sondern darin, den Leser dazu hinzuführen, sie klarer in den Blick zu nehmen und den geheimnisvollen Kosmos des Graalsromans gerade wegen seiner rätselhaften Verschlüsseltheit, wenn es möglich wäre, noch mehr schätzen und lieben zu lehren.

Der zahlreichen Sekundärliteratur zum Thema, die in ihrer Gesamtheit zu verwerten und zu berücksichtigen unmöglich gewesen wäre, verdanken wir wesentliche Anregungen, oft auch dann, wenn wir von ihren Ergebnissen abrücken. Wir werden versuchen, dies im Laufe der Untersuchung zu erkennen zu geben. Nicht möglich ist es uns, in Referenzen zum Ausdruck zu bringen, was wir Herrn Prof. Dr. Hugo Friedrich und Herrn Prof. Dr. Olaf Deutschmann verdanken. Bei ersterem hörten wir eine Graalsvorlesung, bei letzterem machten wir eine Seminarübung zum *Perceval* mit, beides vor nunmehr fast zehn Jahren. Unser besonderer Dank gilt auch Herrn Prof. Dr. Erich Köhler, der uns einige wichtige Hinweise zum Thema gab.

Erster Teil

Einheit und Struktur des Conte del Graal

Einleitung

Schon zu Beginn des Jahrhunderts hat Gustav Gröber in seinem *Grundriß der romanischen Philologie* Zweifel geäußert an der Berechtigung der Gestalt, die einige Handschriften[1] und die ihnen folgenden Ausgaben dem *Conte del Graal* geben; er hat, durch die Zweiteilung des Romans in einen Perceval- und einen Gauvainteil und durch die das normale Maß chrétienscher Romane erheblich überschreitende Länge des Graalsromans[2] veranlaßt, zu bedenken gegeben, ob man nicht zwischen einer Graalsdichtung mit Perceval und einer Episodendichtung mit Gauvain als Helden unterscheiden sollte.[3]

Diese Zweifel an der Einheit des *Conte del Graal* in seiner uns vorliegenden Gestalt wurden noch verstärkt, als E. Hoepffner in einer Rezension zu G. Cohens *Chrétien de Troyes* den Gauvainteil als vom künstlerischen Standpunkt der Graalsdichtung wesentlich unterlegen bezeichnete.[4] E. Hoepffner präzisierte auch bei dieser Gelegenheit schon eine erste Vorstellung von der Art, wie der *Conte del Graal* in seiner überlieferten Fassung zustande gekommen sein mochte: „L'éditeur des oeuvres de Chrétien, les trouvant inachevés à la mort du poète, les aura soudés ensemble à l'aide d'un morceau de raccordement (v. 4650–4709) dont la gaucherie et l'incohérence sautent aux yeux du lecteur le moins averti.“[5] Er erhob die mehr als berechtigte Forderung, daß der Gegenstand näher untersucht werden müsse.

Dieser Anregung entsprach Ph. A. Becker im Rahmen seiner Studie „Von den Erzählern neben und nach Chrétien de Troyes“, wenn auch nicht in wünschenswerter Ausführlichkeit.[6] Auf Grund stilistischer Analysen, Beobachtungen zur Wortverwendung und kompositorischer Erwägungen kam dieser zu dem Ergebnis, daß die Gauvainabenteuer nicht von Chrétien stammen, sondern das Werk eines ersten Fortsetzers sind. Für Ph. A. Becker hörte der Anteil Chrétiens unmittelbar nach dem Besuch der Graalsburg durch Perceval auf.

Man sollte annehmen, daß ein solches Ergebnis alarmierend gewirkt oder zur Weiterentwicklung angeregt hätte, aber es fand überraschenderweise

[1] HSS A (Copie Guiot) Paris, (Bibl. Nat. fr. 794) und B (Bern, Stadtbibliothek 354) haben nach dem Vers 9234 ein *Explicit,* auf das sich unsere Ausgaben stützen.

[2] 9234 Verse gegenüber 6878 in *Erec et Enide,* 6664 im *Cligès,* 7112 im *Karrenritter,* 6818 im *Yvain.*

[3] *Grundriß der romanischen Philologie,* II, 1, Straßburg 1902, S. 504.

[4] *Romania,* LVII, 1931, S. 583. [5] Ebda. [6] *ZRPh,* LV, 1935, S. 400–416.

kaum ein Echo, ebensowenig St. Hofer, als er zwei Jahrzehnte später Chrétien de Troyes ebenfalls die Gauvainabenteuer absprach, mit dem Unterschied allerdings, daß er den Anteil Chrétiens bis zum Vers 4687 reichen ließ und Chrétien weiterhin noch die Eremitenszene zuerkannte.[7]

Erich Köhler führt das Ausbleiben eines positiven Echos darauf zurück, daß „auch im Gauvain-Teil Stil und Verskunst des champagnischen Dichters unverkennbar sind".[8] Ein ähnliches Urteil zum Stil im Gauvainteil fällt auch Jean Frappier: „Ce roman de Gauvain est pourtant écrit dans la manière la plus brillante et la plus reconnaissable de Chrétien."[9] Man vermißt aber eine Auseinandersetzung mit der Untersuchung Ph. A. Beckers, die, vom Stilistischen ausgehend, zu entgegengesetzten Ergebnissen geführt hatte. Gewiß, man könnte sich auf die einschlägige Studie von Wilhelm Kellermann berufen, in der auf Grund kompositorischer und tektonischer Indizien die Einheit des *Conte del Graal* in seiner überlieferten Form festgestellt wird.[10] Dagegen wäre aber einzuwenden, daß W. Kellermann noch nicht in der Diskussion um die Ergebnisse von Ph. A. Becker stand, für ihn daher oft Stellen beweiskräftig sind, die nach Ph. A. Becker ebensowenig von Chrétien stammen wie die zu überprüfende Gauvainstelle. So sind, um nur ein Beispiel herauszugreifen, die Belege, die W. Kellermann für „sachliche" Wiederholungen bei Chrétien anführt (es sind elf Stellen), sämtlich dem Gauvainteil oder dem von Ph. A. Becker ebenfalls dem Fortsetzer zugewiesenen Zwischenstück entnommen.[11]

Wir glauben daher, daß es nicht nur berechtigt, sondern eine dringende Forderung ist, den *Conte del Graal* von dem Punkte an, wo überhaupt Zweifel an der Verfasserschaft Chrétiens geäußert werden kann, hinsichtlich Stil und Komposition zu überprüfen.

Zu dieser Wiederaufnahme einer bislang auf beiden Seiten noch nicht konsequent durchgeführten Diskussion veranlaßt uns der Versuch Martín de Riquers, aus chronologischer Unstimmigkeit zwischen Perceval- und Gauvainteil zu erweisen, daß der *Conte del Graal* aus einem **Perceval* und einem **Gauvain,* zwei selbständigen Romanen Chrétiens, mittels eines Verbindungsstückes zusammengesetzt worden sei, eine These, die an E. Hoepffner anschließt, in deren Verlauf der Verfasser allerdings betont, daß er nicht an eine künstlerische Unterlegenheit des **Gauvain* gegenüber dem **Perceval* glaube.[12] Der spanische Gelehrte hat seine These nach erfolgter ablehnender

[7] St. Hofer, *Chrétien de Troyes. Leben und Werke des altfranzösischen Epikers,* Graz–Köln 1954, S. 211 ff.

[8] „Zur Diskussion über die Einheit von Chrestiens *Li Contes del Graal*", *ZRPh,* LXXV, 1959, S. 523–539, ebda., S. 523.

[9] J. Frappier, *Chrétien de Troyes. L'Homme et l'œuvre,* Paris 1957, S. 173, Anm.

[10] W. Kellermann, *Aufbaustil und Weltbild Chrestiens von Troyes im Percevalroman,* Halle (Saale) 1936.

[11] Ebda., S. 58 f.

[12] Martín de Riquer, „Perceval y Gauvain en *Li contes del Graal*", *Filologia Romanza,* IV, 1957, S. 119–147.

Stellungnahme durch Felix Lecoy,[13] Jean Frappier[14] und Erich Köhler[15] in einem zweiten Aufsatz weiter ausgebaut.[16] Auf eine Besprechung der Ergebnisse von Martín de Riquer werden wir jedoch verzichten, weil wir mit Jean Frappier der Auffassung sind, daß der Standpunkt innerer Chronologie einem *Conte del Graal* nicht eigentlich angemessen ist, zum mindesten reicht er nicht aus, die These zu erhärten, daß hier zwei unabhängige Romane vorliegen.

ERSTES KAPITEL

Die Stellung der Eremitenszene im Rahmen des *Conte del Graal*

Keiner Szene in den hinsichtlich ihres Verfassers in Frage gestellten Teilen des *Conte del Graal* kommt auch nur annähernd die Bedeutung der Eremitenszene im Rahmen des Graalsromans zu. Wenn sie sich als nicht von Chrétien geschrieben erweisen sollte, was Ph. A. Becker annahm, so würden viele Deutungen der Graalserzählung, vor allem aber die „christliche", an Überzeugungskraft verlieren. Wir hoffen daher Verständnis zu finden, wenn wir an dieser Szene mit unserer Untersuchung ansetzen. Dies scheint uns auch insofern berechtigt, als vom kompositionellen Standpunkt aus diese Szene das überraschendste Moment des *Conte del Graal* ist, bricht sie doch ganz unvermittelt in den Gauvainteil ein, wenn auch an einer Stelle, die durch das Ansendekommen einer Episode hierzu relativ geeignet war. Vielleicht darf man auch die kurz vor der Eremitenszene erfolgende Erwähnung der blutenden Lanze als eine Art von Brücke zur Graalsthematik ansehen.[1] Überraschend bleibt die Szene aber auch dann. Wenn gesagt werden konnte, daß der *Gauvain,* abgesehen von den Versen 6088–6203, die Martín de Riquer folgerichtig als Zusatz des Herausgebers ausschaltet,[2] keine Beziehung zum Percevalthema hat, so liegt die Frage nahe: „Wie kommt dann die Eremitenszene mitten in

[13] Rezension in *Romania,* LXXVIII, 1957, S. 410–412.

[14] „Sur la composition du *Conte du Graal*", *Moyen Age,* 1958, S. 67–102.

[15] Weiter oben zitiert.

[16] Martín de Riquer, „La composición de *Li Contes del Graal* y el *Guiromelant*", *Boletín de la Real Acad. de Buenas Letras* de Barcelona, XXVII, 1957–58, S. 279 bis 320.
Zum Echo auf diesen zweiten Aufsatz siehe Jean Frappier, „Note complémentaire sur la composition du *Conte du Graal*", *Romania,* LXXXI, 1960, S. 308–337, Mario Roques, „Pour l'introduction à l'édition du *Roman de Perceval* de Chrétien de Troyes", *Romania,* LXXXI, 1960, S. 1–36.

[1] Vgl. dazu weiter unten, Teil I, Kap. 4.

[2] Die Kritik von Jean Frappier ermunterte ihn zu dieser Konsequenz, die er erst im zweiten einschlägigen Aufsatz zieht (a.a.O. S. 296 f).

den *Gauvain* hinein?“ Es muß zugegeben werden, daß sie dort kompositionell in der Luft hängt. Die einzige mögliche Rechtfertigung dafür, daß Chrétien sie in die Gauvainabenteuer hineinverlegte, scheint die Erklärung, Chrétien habe zeitliche Dauer evozieren wollen, denn in der Eremitenszene wird ja Perceval um fünf Jahre älter vorgestellt. Vergessen wir aber nicht, daß nach dieser die Gauvainabenteuer ihre Fortsetzung finden; fast dreitausend Verse davon bringt noch der *Roman de Perceval*, und wir wissen nicht, wieviele noch hätten kommen sollen, denn mit dem Vers 9234 hört, wie zwei Handschriften lehren, „Percevaux li viel“ auf, ohne einen Abschluß erreicht zu haben. Chrétien hätte also, wenn sein Anteil am *Roman de Perceval* wirklich bis hierher reicht, nach Vers 9234 noch weiter schreiben wollen. Es ist vielleicht nützlich, sich zu fragen, was für kompositorische Konsequenzen dies nach sich gezogen hätte, immer vorausgesetzt, was allgemein akzeptiert wird, „que Chrétien de Troyes sabía escribir novelas“.[3]

Der Titel des Werkes lautet *Roman de Perceval* oder *Li Contes del Graal.* Chrétien de Troyes müßte also, wenn er die Kunst der Komposition beherrschte, was seine übrigen Werke zur Genüge belegen, seinen Roman zur „Percevalthematik“ oder zu der des „Graal“ zurückgeführt haben. Nun trifft es sich aber, daß wir im Vers 9234 am Abschluß (?)[4] einer Serie von Gauvainabenteuern stehen, und selbst wenn wir den günstigsten Fall annehmen, daß dieser Abschluß sich zügig gestalte (das soll keine Abwertung sein, wenngleich wir E. Hoepffner verstehen, der den *Gauvain* dem *Perceval* gegenüber als abfallend empfindet), so wären doch für einen „guten“ Chrétien eine ganze Anzahl von Versen erforderlich, um im Leser den Eindruck zu hinterlassen, er habe einen *Roman de Perceval* oder auch einen *Conte del Graal* gelesen.[5]

In Vers 6514 ff wird indes für solche Übergänge ein praktisches Rezept angeboten, in dem wir allerdings die meisterhafte Feder des Autors vom *Perceval* schwerlich zu erkennen vermögen:

> De Perceval plus longuemant
> Ne parole li contes ci,
> Einz avroiz mes assez oï
> De mon seignor Gauvain parler
> Que rien m'oiiez de lui conter.[6]

[3] Martín de Riquer, „La composición...“, a.a.O. S. 280.

[4] Die Première Continuation lehrt, daß dieser „Abschluß“, der in der „rédaction courte“ noch rund 900 Verse erforderte, (éd. W. Roach, The Continuation of the Old French *Perceval* of Chrétien de Troyes, III, 1, Philadelphia 1952) durchaus nicht eine Rückkehr zur Percevalthematik zu bedeuten brauchte.

[5] Als „Li Contes del Graal“ stellt Chrétien den Roman im Autorenprolog vor (v. 66). – Jean Marx schreibt mit Recht (*Nouvelles recherches sur la litt. arth.*, Paris 1965, S. 210): „Mais il entendait bien réserver la quête victorieuse à Perceval.“

[6] Schon St. Hofer, a.a.O. S. 213, erkannte in diesen Versen den Fortsetzer. – Wir zitieren nach der großen Ausgabe von A. Hilka, *Der Percevalroman (Li Contes del Graal)*, Halle (Saale) 1932.

Das ist banaler Mitteilungsstil, wie er in einem Vorwort vertretbar sein mag, nicht aber im Rahmen eines Romans.[7] Man hat den Eindruck, als berufe sich der Verfasser auf seine Vorlage, um einen thematischen Sprung zu rechtfertigen, zu dem ihn das Fehlen der zu einer eigenen Gestaltung erforderlichen Begabung zwingt.

Man mag einwerfen, daß sich Chrétien noch öfter auf seine Vorlage beruft. Schauen wir uns daher die diesbezüglichen Stellen im *Perceval* an. Bleiben wir zunächst bei der Bezeichnung „contes", die im obigen Beispiel als Verweis auf die Quelle verwendet wird.

Die bekannten Verse aus dem Widmungsprolog (v. 63–66) können wir außer acht lassen, da sie die von uns verfolgte Problematik der Komposition nicht berühren. Die erste in unserem Zusammenhang relevante Stelle ist die folgende, entnommen der Szene mit dem Zeltfräulein:

> Mes desfanse mestier n'i ot;
> Que li vaslez an un randon
> La beisa, volsist ele ou non,
> Vint foiz, si con li contes dit, (v. 706–709)

Warum beruft sich Chrétien hier auf die Quelle? Er tut es offensichtlich, weil dadurch die naiv-pedantische Pointierung, die in „vint foiz" liegt und die Chrétien bewußt im Sinne gelungener Parodie ausspielt, noch angehoben wird. Hier beweist sich bester chrétienscher Humor, der die in sich schon dem Leser ein Lächeln abfordernde Feststellung, daß Perceval das Mädchen zwanzigmal küßt, durch Anführung einer gewiß fingierten „auctoritas" in ihrem preziösen Reiz erhöht.[8]

Chrétien bedient sich also einer Referenz auf die Quelle, um diese seiner eigenen Erzählkunst einzuordnen, nicht aber, weil er sich ihr verpflichtet fühlte und damit eine Schwäche zu entschuldigen suchte.

Ein weiterer Beleg für „contes" im genannten Sinne, der einzige, der uns noch zu besprechen bleibt, führt uns wieder zurück zu unserem Ausgangspunkt, denn er liegt im Vers 6215, unmittelbar vor der Eremitenszene, ein Umstand, in dem wir nicht geneigt sind, einen Zufall zu sehen:

> Ne d'aus ne del duel que il font
> Rien plus a dire ne me plest.
> De mon seignor Gauvain se test
> Ici li contes a estal,
> Si parole de Perceval. (v. 6212–6216)

Hier begegnet uns wieder die gleiche Unbeholfenheit gegenüber dem in der Vorlage gegebenen Stoff wie im Ausgangszitat.

Der Gebrauch des Wortes „contes" als Hinweis auf die Quelle des *Perceval*

[7] Auch der Hinweis, daß Chrétien nicht die letzte Hand an den *Conte del Graal* habe legen können, scheint uns hierfür keine ausreichende Erklärung zu bieten.

[8] Nach *F* und *T set feiz*, nach Q, III. f.

spricht also eine deutliche Sprache.[9] Während er sonst bei Chrétien eindeutige Funktion hat im Sinne seiner Erzählkunst, zeigt er in den Versen, die zur Eremitenszene überleiten und in den sie abschließenden eine Chrétien unwürdige Geste der Verlegenheit gegenüber dem in der Quelle sich Anbietenden. Der „Autor" setzt sich an diesen beiden Stellen ausdrücklich vom Geschriebenen ab, konzipiert sich als Ausführender, der einer Vorlage zu dienen oder wenigstens ihr zu folgen hat. Er zerstört die Illusion eines eigengesetzlichen Geschehens, die zu bewahren eines der ersten Kennzeichen Chrétiens de Troyes ist.[10] Unseres Erachtens kommt daher in den fraglichen Versen die Hand des Kopisten zum Vorschein, der bemüht ist, Bruchstücke zusammenzuflicken, die organisch zu verbinden er außerstande ist und deren innerer Zusammenhang aus der ihm vorliegenden Handschrift nicht erkennbar wird.[11]

Das Bild wird bestätigt, wenn wir die anderen Bezeichnungen für die geschriebene Quelle des Perceval hinzunehmen, „estoire", „letre" und „livre". „Estoire" begegnet im fraglichen Sinn in Vers 39, 2807, 3262, 6217 und 7681. In 2807, 3262 und 7681 wird die Quelle nur erwähnt, damit sie als „auctoritas" Details der Erzählung, die ans Wunderbare grenzen oder den Anstrich des Exotischen haben, in ihrem Aussagegehalt unterstützt. Die Dinge sollen hierdurch an Glaubwürdigkeit gewinnen; ein schriftstellerischer Trick, den der realistische Roman immer gern anwendet.[12] Einer solchen „auctoritas" bedürfen beispielsweise der goldene Rock des Keu in Vers 2807, ein ganz in einem Stück gearbeiteter elfenbeinerner Tisch (v. 3262) sowie die goldenen Türangeln in Vers 7681. Ähnlich verhält es sich mit „letre". In Vers 2723 wird es bemüht, um einen eigenartigen Brauch glaubwürdig zu machen, in Vers 6936, um die Wunderkraft eines Krautes zu „autorisieren". Nicht anders ist die Funktion von „livres" in Vers 4617: es soll etwas Unglaubwürdiges durch den Hinweis auf die Überlieferung stützen.

Vielleicht sollte man noch vergleichsweise den Passus von *Cligès* heranziehen, in dem die beiden Teile, die Chrétien wohlgemerkt schon im Vorwort

[9] Unsere Beobachtungen zum Gebrauch des Wortes „conte" ließen sich auch auf die anderen Romane Chrétiens ausdehnen; vgl. z. B. *Karrenritter*, v. 464 ff: *car, si con li contes afiche, il i avoit tot le delit qu'an seüst deviser an lit.* (Zit. nach éd. M. Roques, CFMA 86, 1958).

[10] Dazu W. Kellermann, *Aufbaustil und Weltbild Chrestiens von Troyes im Percevalroman,* a.a.O. S. 39. Bezeichnenderweise gibt W. Kellermann für die „Angabe von Personenwechsel" nur unsere beiden Stellen an.

[11] Hier bestätigt sich, was A. Micha andeutet, wenn er schreibt: „peut-être Chrétien a-t-il casé ici des pages inédites, restées dans ses cartons" („Le Perceval de Chrétien de Troyes, roman éducatif", *Lumière du Graal,* „Cahiers du Sud", Paris 1951, S. 127).

[12] Zum Realismus Chrétiens vgl. jetzt A. Fourrier, *Le Courant réaliste dans le roman courtois en France au Moyen-Age,* I (Les débuts, XIIe siècle), Paris 1960, S. 111 bis 123.

vorsieht,[13] ineinander übergehen. Eine solche Nahtstelle müßte eine Vergleichsmöglichkeit zu unseren oben zitierten Versen bieten.

Soredamors hat ein Kind zur Welt gebracht, das den Namen Cligès tragen wird:

> L'anfant apelerent Cligés.
> Ce est Cligés an cui memoire
> Fu mise an romans ceste estoire.
> De lui et de son vasselage,
> Quant il iert venuz en aage
> Que il devra en pris monter,
> M'orroiz adés de lui conter.[14]

Man wird zugeben müssen, daß Chrétien hier eindeutig einen Einschnitt in seinem Roman macht. Cligès ist zwar als Frucht der im ersten Teil des Romans entwickelten Liebe mit diesem thematisch verbunden, aber hier liegt doch kompositorisch ein Innehalten vor, ein Neuansatz, der, wie im *Perceval*, die Überbrückung eines längeren Zeitabschnittes bedeutet *(Quant il iert venuz en aage . . .)*. Die Stelle ist sehr kostbar, denn sie läßt uns erkennen, wie Chrétien in einem der Eingangssituation zur Eremitenszene analogen Fall verfährt. Wenn Chrétien im *Cligès* in wenigen Versen einen ganzen Lebensabschnitt überspringt, so wird es ihm auch nicht schwer fallen, einen Zeitraum von fünf Jahren, wie es im *Perceval* geschieht, in wenigen Worten zu überblicken und über ihn hinweg in die neue Handlung zu führen.

Doch kann in Vers 6212 ff des *Conte del Graal* im Gegensatz zu obiger Stelle aus dem *Cligès* überhaupt nicht von einer thematischen Hinführung, von einem Anknüpfen die Rede sein. Auch ist die Unsicherheit der Überlieferung auffällig: *si parole* haben nur *L* und *U*, der Rest *si comence (M: Et recomence a P.)*, in *P* und *Q* findet sich außerdem eine Erweiterung.[15] Es spricht daher vieles für die Annahme, daß hier ein kurzsichtiger Kopist zu Worte kommt, der, nachdem er eine Reihe von Gauvainabenteuern niedergeschrieben hat, sich plötzlich der Percevalthematik gegenübersieht und mit seinem gesunden Kopisten-Bonsens feststellt: da fängt ja etwas Neues an, und dies gewissenhaft vermerkt, dabei Gelegenheit hat, seine Verstechnik unter Beweis zu stellen.[16]

Die Verse 6212–6216 sowie 6514–6518 entstammen also u. E. der Feder eines Kopisten. Wenn dieser in Vers 6213 Autorenambitionen zu entwickeln

[13] V. 8 ff (*Les Romans de Chrétien de Troyes*, édités d'après la copie de Guiot, II, Cligés, publié par A. Micha, *CFMA*, 84, 1957): Un novel conte rancomance | D'un vaslet qui an Grece fu | Del linage le roi Artu. | Mes ainz que de lui rien vos die, Orroiz de son pere la vie, | Dont il fu, et de quel linage.

[14] *Cligés*, v. 2382 ff.

[15] *Ici le contes entresait Si vos dirons de bon vasal Ce est dou Galois Perceval* (A. Hilka, der Percevalroman, a.a.O. S. 277).

[16] St. Hofer, dessen Ergebnisse wir bestätigen, möchte annehmen, daß es der Fortsetzer selbst war, der sich hier als „ehrlich genug" erweist, „diese Tatsache bekanntzugeben" (*Chrétien de Troyes*, a.a.O. S. 213).

scheint *(Rien plus a dire ne me plest)*, so vielleicht deswegen, weil er ein Reimwort (plest) benötigte, um seine „sinnvollen“ und, wie die Graaldiskussion zeigt, keineswegs überflüssigen Beobachtungen stilgerecht anfügen zu können.

Doch wenden wir uns nunmehr der Eremitenszene selbst zu. Sie umfaßt, wie schon vermerkt, die Verse 6217–6513.

> Percevaus, ce conte l'estoire,[17]
> A si perdue la memoire
> Que de Deu ne li sovient mes: (v. 6217–19)

Haben wir es hier mit authentischen Versen Chrétiens zu tun, oder handelt es sich wieder um eine Detaileinleitung eines Kopisten? „Ce conte l'estoire“, eine Referenz auf die Quelle, weist, wenn auch hier weniger steif verwendet als in den oben zitierten Fällen, in diese Richtung. Ein geschickter Kopist, vielleicht auch ein Fortsetzer nach Art von Godefroy von Lagny könnte hier garbeitet haben; vorerst reichen jedoch die Gründe noch nicht aus, die Verse überhaupt Chrétien abzusprechen; es kann höchstens von einem in sich schwachen Indiz gesprochen werden. Folgen wir daher dem Text, denn aus den wenigen zitierten Versen lassen sich nicht genügend Anhaltspunkte gewinnen, läßt sich nicht Einblick nehmen in die Struktur der Stilführung:

> Cinq foiz passa avris et mes: 6220
> Ce sont cinc an trestuit antier,
> Einz que il antrast an mostier,
> Ne Deu ne sa croiz n'aora.
> Tot einsi cinc anz demora, 6224
> Ne por ce ne leissa il mie
> A requerre chevalerie
> Et les estranges avantures,
> Les felenesses et les dures, 6228
> Aloit querant et s'an trova
> Tant que mout bien s'i esprova, 6230
> N'onques n'anprist chose si grief
> Dont il ne venist bien a chief.
> Sissante chevaliers de pris 6233
> A la cort le roi Artu pris
> Dedanz les cinc anz anplea 6236
> Einsi les cinc anz anplea 6236
> Qu'onques de Deu ne li sovint.

Halten wir den ersten Eindruck, den diese Verse als Stilbewegung hinterlassen, fest. Die Verse beschreiben eine Kreisbewegung: in den ersten Versen wird eine Tatsache mitgeteilt, die der Verfasser nach einer explizierenden Zwischenentwicklung in den letzten Versen mit anderen Worten ein zweites Mal vorstellt. Bindendes sprachliches Element dieser zyklischen Bewegung sind Wort und Vorstellung von „cinq anz“, das viermal wiederkehrt und in Vers 6238, den wir nicht mehr aufgeführt haben, da er das Gesagte sammelnd

[17] In *T* und *V* heißt es: *ce nos dist l'estoire.*

zum nächsten Punkt führt, noch ein fünftes Mal wieder aufgenommen wird. Dazu tritt in *T* und *V* als den Eindruck der zyklischen Repetition stützend eine anaphorische Wiederholungsfigur, ein in Vers 6224 und 6238 wiederholtes „tot ensi cinq ans“. Nehmen wir noch das kompositorische Gewicht der einleitenden Aussage hinzu *(einz que il antrast an mostier, Ne Deu ne sa croiz n'aora)*, so bietet der erste Eindruck ein denkbar verwirrendes Bild: Wiederholungen, vor allem, wenn noch dazu durch Redefiguren gestützt, stehen im Zeichen des chrétienschen *Perceval*.[18] Auch die Vorwegnahme des erst zu Entwickelnden *(la croiz aora)* scheint auf den ersten Blick chrétienscher Stiltechnik zu entsprechen, wenn man diese Erscheinung als „Vorausdeutung“ [19] ansieht. Hier würden sich aber schon Bedenken anmelden, denn für W. Kellermann ist die „Vorausdeutung“ auf Grund des in ihr verankerten „schicksalhaften Zwanges“ ein Spannungselement, in unserem Falle dagegen handelt es sich um die Vorwegnahme eines erst einzuleitenden Geschehens. Was endlich die Kreisbewegung anbetrifft, so scheint sie der Chrétien so sehr nachgerühmten Zügigkeit des Erzählens zu widersprechen, findet sich aber andererseits auch im zweifellos authentischen *Conte del Graal* (v. 498–505). Sie ergibt, zusammen mit der „Vorwegnahme“, einen provisorischen Eindruck des Reflektiven im Gegensatz zur Unmittelbarkeit Chrétiens.

Was können wir nun weiter tun, um diese widersprüchige Lage zu klären? Sollten wir in der von Ph. A. Becker eingeschlagenen Richtung einen Versuch unternehmen?

Ph. A. Becker sagt vom „zweiten Fortsetzer“, das ist für ihn der Dichter der Eremitenszene, seine Bewegungskurve sei „keineswegs eintönig, sie trägt Vers um Vers dem Reimwort zu, so daß es wie ein Branden wirkt“. Er beruft sich für seine Bestimmung auf Vers 6265 ff (Queus jorz, sire? Si nel savez? | C'est li vandredis aorez, ...), denen er „von Chretien“ Vers 428 ff gegenüberstellt.[20]

Die beiden Texte sind aber keineswegs vergleichbar, denn im ersten Fall handelt es sich um emphatische Sprachhaltung, der fast eine beschwörende Geste innewohnt und dem Inhalt nach auch zukommt, im zweiten dagegen um Erzählstil. Ein Blick auf die oben zitierten ersten zwanzig Verse des vermeintlichen zweiten Fortsetzers hätte genügt, um sich davon zu überzeugen, daß dort keineswegs ein solches Hinbranden auf die Reimworte zu vorliegt. Es gilt hier, was Ph. A. Becker vom chrétienschen Stil sagt, „daß die markanten Sinnträger mit Vorliebe im Versinnern verteilt sind und dieses mit hohen Energien laden, während die Reimworte, mit ihrem reichen Gleichklang, meist verschieden abgestuft in gedämpfter Tonstellung stehen“.[21]

Wir kommen also ganz offensichtlich auf diesem Wege nicht weiter, und

[18] Vgl. A. Hilka, a.a.O. S. XXXIX f, wo dieser an Hand der vielen Wiederholungen zu dem Schluß kommt, daß der Perceval nicht mehr von Chrétien habe stilistisch ausgefeilt werden können. In unserem Falle scheint jedoch die Wirkung gezielt.

[19] W. Kellermann, a.a.O. S. 40. [20] A.a.O. S. 410. [21] Ebda., S. 409.

dennoch glauben wir, daß auf dem Weg über Stil und Komposition die uns hier beschäftigenden Fragen gelöst werden können. Nur werden wir eines beachten müssen: wir dürfen bei einer Stilanalyse, die sich zum Ziel setzt, Fragen der Authentizität zu überprüfen, nur Texte vergleichen, die gleiche Sprachhaltung haben. Von einem Text mit deklamatorischer Sprachhaltung wird man kein ausgewogenes Fließen der Verse erwarten dürfen, denn das setzte einen Gegensatz zwischen Sprachhaltung und thematisch bedingter Bewegung voraus.

In der „Einleitung" zur Eremitenszene handelt es sich um ein erzählendes Verbindungsstück, das in einen episodischen Grund einführt, in ihn überleitet, das aber gleichzeitig verweilt, um einen neuen Einsatz zu geben. Wenn wir daher die Authentizität des Anfanges der Eremitenszene überprüfen wollen, werden wir uns fragen müssen, wie Chrétien bei solchen verbindenden und neu einsetzenden, in die Episode einführenden Passagen verfährt.

Schauen wir uns zuerst einen absoluten Neuansatz[22] an, den Anfang der Percevalerzählung als Handlung.

Ce fu au tans qu'arbre florissent,
Fuellent boschage, pré verdissent
Et cil oisel an lor latin
Doucemant chantent au matin
Et tote riens de joie anflame,
Que li filz a la veve dame
De la gaste forest soutainne
Se leva, et ne li fu painne
Que il sa sele ne meïst
Sor son chaceor et preïst
Trois javeloz, et tot einsi
Fors del manoir sa mere issi...

Würden wir hier die Stilmerkmale nach Ph. A. Becker ansetzen, so müßte die „lange Periode", die zweifellos „gefällig dahingleitet",[23] einen dazu führen, die Verse dem ersten Zudichter zuzuschreiben, von den „Satzquadern" Chrétiens merkt man hier nicht viel, und auch die „markanten Sinnträger im Versinnern" vermisse ich.

Der Satzbogen, der von Vers 69 bis Vers 80 hinreicht, ist in sich wie eine kompakte Summe chrétienscher Stilkunst, geeignet, erkennen zu lassen, wievieler Mittel er sich zu bedienen versteht, wie sehr er aber auch diese vielen

[22] Werner Ziltеners „asyndetischem Neueinsatz" bei Chrétien (*Chrétien und die Aeneis,* Graz-Köln 1957), den er reichlich aus allen Werken Chrétiens belegt (ebda., S. 23) und den er auf Vergil zurückführen möchte, stehen wir etwas skeptisch gegenüber. Trifft dieser Begriff beispielsweise für *Karrenritter,* v. 4125 (Mario Roques, v. 4140) oder gar für v. 4755 (M. Roques, 4719) zu, wo eine ganz klar entwickelte Handlungsfolge vorliegt, deren abschließende Phase mit Vers 4755 eingeleitet wird? Man müßte hier mehr differenzieren.

[23] „Von den Erzählern...", a.a.O. S. 410.

Mittel einem unterordnet, in dem wir vielleicht eine Grundzelle seines dichterischen Kosmos sehen dürfen.

Verweilen wir einen Augenblick bei den Mitteln; erst wenn wir sie erkannt haben, wird es möglich sein, ihr Aufgehen in einem das Ganze bestimmenden Grundverhalten zu überblicken.

Chrétien setzt, wie schon gesagt, mit einem Natureingang ein. Die ersten beiden Verse sind klanglich ausgeglichen, wie in einem feierlichen Schreiten laufen sie gleichmäßig durchgebaut bis hin zu den sie in ihrer Gehobenheit erhaltenden reichen Reimen. In den folgenden Versen löst sich diese fast deklamatorische Starre in einem sie durchfließenden und durchlockernden, über zwei Verse dahingleitenden Strom, dem auf thematischer Ebene das Singen der Vögel entspricht.

Aber dieser Natureingang als solcher steht schon unter einem Anderen; er ist nicht Einleitung, nicht in sich ruhendes, nur auf Grund kompositorischer Funktion mit dem folgenden verbundenes Element, sondern er steht unter dem Vorgriff des „ce fu ... que", einer syntaktischen Klammer, die hier mit neuer Bedeutung erfüllt wird, wie das Anhalten des Atems vor einem Geschehen wirkt und den vertrauten Topos mit verhaltener Dynamik erfüllt, ihm kein letztes Eigenrecht zubilligt, ihn nur duldet als Verweis auf das Folgende. Es ruht ihm ein provisorischer, ein vorbereitender Charakter inne, der sich bestätigt im Vers 73, wo nach dem Anlaufen die Kräfte sich zu sammeln scheinen zum Entlassenwerden ins Handeln, ein Vorgang, der sich konkretisiert in dem Aktivität ausstrahlenden „joie" und dem es in seine Wirkensweise ausfaltenden „anflame".

Was nun folgt, ist reine Bewegung, die sich aus ihrem Ursprung *(de la gaste forest soutainne)* erhebt, zunächst bedächtig, wie verhindert durch die irdene Schwere des zu verlassenden Hauses, was sich sehr geschickt in einer syntaktischen Sperrung über zwei Verse hinweg ausprägt. In einem dritten Vers erst gelingt es der Bewegung, sich zu lösen, der Bewegung, die vorher schon als Dynamik da war, in Gestalt des „de" in Vers 75, das jenes dunkle und mächtige Zuhause in den Vorgriff des Schonverlassenwerdens nimmt. Bemerkenswert auch, daß diese erste direkte Aussage der Bewegung nicht am Versende zum Austrag kommt, sondern in den nächsten Vers eingreift. Ein Zusammenfallen von Versende und Austrag der Bewegung hätte durch die Parallelität eines wenn auch provisorischen Anszielkommens die Bewegung zu einem Stillstand gelangen lassen, was durch die Hinübernahme in den nächsten Vers verhindert wird. Dort erfolgt der Einschnitt nach der dritten Silbe, also an einem Ort, wo er von vornherein als vorläufig und weiterverweisend gekennzeichnet ist. Die Bewegung hält hier nur einen Augenblick inne, um dann in einer optimistischen, das Entgegentretende beschwingt meisternden Ekstase nicht eher zu ruhen, als bis der Ausgang besorgt, die Bewegung unwiderruflich angerissen ist: „Fors del manoir sa mere issi." Man beachte, wie sorgfältig dabei die Versenden überspielt werden, wie sie keine Chance erhalten, die Bewegung im wenn auch provisorischen Anszielkommen zu hemmen. Der einzige Fall, in dem syntaktisch gesehen ein Einschnitt vorstellbar wäre (v. 76/77), läßt einen solchen logisch nicht zu. Der im Vers 77 ansetzende Relativsatz ist notwendig, ja nicht nur das, er stellt das Subjekt zum vorausgehenden Kolon dar, so daß auch hier ein gedanklicher Einschnitt, ein Stillstand nicht vorstellbar ist. Vers 76 stand, wie wir dies schon von mehreren Versen vermelden konnten, unter einem Vorgriff, er ruhte, wie der Natureingang als ganzer, wie auch Vers 75, nicht in sich, sondern war schon Teilhabe an einem Anderen, noch in der Zukunft oder in der noch nicht in der Aussage ausgetragenen Gegenwart Liegenden.

Man beachte, wie geschickt die Pausen auch weiterhin ins Innere der Verse gelegt werden und Chrétien dabei ihren Ort wechseln läßt. Im Vers 76 tritt sie nach der 3. Silbe ein, in Vers 78 nach der 5., in Vers 79 nach der 4. Dadurch wird verhindert, daß sich der Leser in den Rhythmus eines bestimmten Zusammenspiels von Pausen und Bewegung hineinbegibt, daß die Bewegung von ihrer reinen Bewegungshaftigkeit verliert, zu einer Erwartung der Ruhe degradiert wird, anstatt Bewegung als Ausgang zu sein. Chrétien erhält die Bewegung als absolut, löst sie ab von jeder sie stützenden materiellen Formierung, vom Bezug auf die Ruhe.

Was können wir aus dieser kurzen Analyse einiger Verse von Chrétien gewinnen für die Erkenntnis der stilistischen Grundformel für „Neueinsatz" im *Conte del Graal*? Was durchwest hier jeden Vers, den in absoluter Parallelität quaderhaft gebauten (69 f), den leicht fließenden (71 f), den verweilenden (73), den von der syntaktischen Versstruktur losgelösten?

Es ist wohl dies, daß die absolute Bewegung angezielt wird. Chrétiens „Neueinsatz" ist ekstatisch. Chrétien erreicht das, indem er entweder durch die thematische Aussage Bewegung, und diese vor allem als Aus- und Durchgang, einholt oder durch das, was wir den Vorgriff nannten: das Verarbeitete bleibt in seiner Eigenständigkeit erhalten, aber es ist zugleich schon Teilhabe am Nächsten, Durchgang zu ihm. Die Verse werden so zu Toren, sind wie Ausgang und Entlassung, Durchgang zu einem Anderen, zum Nächsten, bis sie einmünden in den ersten „episodischen Grund".

Wie verfährt nun aber Chrétien beim Übergang von einem „episodischen Grund" zum anderen? – In den Eingangsversen zur Eremitenszene haben wir es ja nicht mit einem absoluten Neuansatz zu tun.

> Et li vaslez tant chevaucha
> Qu'il vit un charbonier venant,
> Devant lui un asne menant. 836

Chrétien reißt die Handlung in die reine Bewegung zurück (chevaucha), vermittelt dadurch die Vorstellung der Distanz. Aber diese Distanz wird nie als sie selbst Gegenwart, sondern immer als eine zu überbrückende, als eine intentional schon in der Anspannung überwundene, unter dem Vorgriff auf ein

Ankommen stehende, was sich syntaktisch sehr schön in dem *tant* niederschlägt, das Anspannung auf ein sich durch *que* einleitendes Ziel bedeutet.

Ein Blick auf den Übergang vom episodischen Grund der Artusszene zu dem ritterlichen „enseignement" bei Gornemant wird das Beobachtete bestätigen. Dort steht das verbindende Reiten, die wiedergewonnene absolute Bewegung unter dem die Bewegung als zielstrebig in den Blick nehmenden *sanz nul arest* und verleiht ihr den Charakter des Ankommenwollens:

Et li vaslez sanz nul arest
S'an va poignant par la forest 1306
Tant que as terres plainnes vint

Man beachte, daß auch hier ein *tant que* das wenn auch provisorische Ankommen einleitet.

Analog liegen die Verhältnisse in der Überleitung zur Blancheflorszene, wo *mout li est tart* die Funktion von *sanz nul arest* übernimmt, und wiederum ein *tant que* zu dem in den „episodischen Grund" Einführenden hinlenkt (v. 1706). Eine interessante Variation ist die Überleitung zur Graalsburgszene, wo diese Anspannung auf ein zu Erreichendes geradezu übermenschliche Dimension annimmt, zunächst absolute Verlassenheit evoziert wird, in diese hineingestellt eine unabsehbare, gewissermaßen un-endliche Handlung, dann aber ein ebenfalls in *tant que* ans Ziel kommendes Gebet die Funktion der angespannten Zielbewegung, ins Spirituelle transponiert, übernimmt:

Et tant dura ceste proiiere
Que il vint sor une riviere 2986

Wie aus allen Beispielen klar ersichtlich wird, führen also zumeist Tempo und intensive Anspannung, die uns in den neuen episodischen Grund einführen sollen, zu einer Begegnung, der nur vermittelnde Bedeutung zukommt: Köhler, Fluß und Fischer weisen Perceval erst in den Ort seiner episodischen Bestimmung ein. Sie tun dies jedoch nicht in einer rein funktionalen Weise, sondern als auf geheimnisvolle Art mit diesem episodischen Grund verbundene, auf ihn verweisende. Sie setzen den Leser in eine thematische Spannung zu diesem auf Grund ihrer symbolischen Strahlkraft, bisweilen auch konkret durch ihre Auskünfte, die in keinem Fall echte, das heißt ein Wissenwollen befriedigende Auskünfte sind, sondern eher solche, die geeignet sind, den Geheimnischarakter des Angestrebten noch zu erhöhen.

Es bestätigt sich hier ein schon am „Neueinsatz" Beobachtetes: die absolute Vorwärtsgerichtetheit, Progressivität des chrétienschen Stiles. „Neueinsatz" und Überleitung haben beide von dem schon beobachteten, die Spannung fördernden Vorgriffscharakter, sind vielschichtiger Verweis in ein Anderes, noch zu Erzählendes.

Ein Letztes bleibt zu klären, bevor wir uns wieder der Eremitenszene zuwenden können: wie verfährt Chrétien, wenn „Neueinsatz" und Überleitung zusammenfallen? Dieser Fall ist nur vorstellbar, wenn zwei Romane oder Romanteile zusammengefaßt werden.

Wir müssen, um dies zu beobachten, zu der schon erwähnten Stelle aus dem *Cligés* zurückkommen. Nachdem die Geburt des Cligés und seine Namengebung kurz berichtet worden sind, heißt es dort:

> De lui et de son vasselage,
> Quant il iert venuz en aage
> Que il devra en pris monter,
> M'orroiz adés de lui conter.

Wir haben hier ein plastisches Beispiel für das, was wir Vorgriff nannten, vor uns. Nicht nur syntaktisch liegt ein solcher vor, insofern *De lui et de son vasselage* bei etwas verweilt, das sich erst später im Satz durch das Verb in seiner konkreten Relation enthüllt, sondern auch thematisch, denn die Verse verweilen bei dem, was Chrétien erst zu erzählen verspricht, jedoch ohne es in irgendeiner Weise vorwegzunehmen. Man beachte in diesem Zusammenhang, wie geschickt das *devra* gesetzt ist, wie es dem zu Erzählenden seinen Geheimnischarakter nicht nur läßt, sondern durch den Vorgriff einer zu erfüllenden schicksalhaften Bestimmung noch erhöht.

Kehren wir nunmehr zurück zu den einleitenden Versen der Eremitenszene. Sehen wir einmal ab von dem ersten Vers (v. 6217), dessen Rückgriff auf die Quelle sich durch den Hinweis darauf rechtfertigen ließe, daß hier ein „Ungeheures" durch eine Auctoritas belegt wird, so bleibt doch auch im folgenden der Eindruck eines ausgesprochenen Gegensatzes zu dem bei Chrétien Beobachteten. Der Stil ist, weit entfernt davon, ekstatisch zu sein, eine Folge von Pro- und Regressionen, die miteinander ein ständiges fortschrittloses Aufderstelletreten ergeben. In Vers 6218 f wird festgestellt, daß Perceval sein Gedächtnis so sehr verloren habe, daß er nicht mehr an Gott denkt. Vers 6220 bis 6223 bringen die gleiche Aussage im Gewand einer zeitlichen Fixierung, ohne daß der geringste Fortschritt in der Erzählung erzielt werde. Damit nicht genug, wiederholt Vers 6224 noch einmal den Tatbestand, und die folgenden Verse nehmen den schon wiederholt umschriebenen Zeitabschnitt aus anderer Perspektive in den Blick: in dieser Zeit, in der Perceval keine Kirche betrat, hat er sich doch sehr um „chevalerie" bemüht.

Abgesehen davon, daß es sich in unserem Fall um Überleitung und „Neueinsatz" handelt, also Progressivität und ekstatisches In-ein-Anderes-Verweisen festgestellt werden müßte, gibt es für eine solch retrogradierende Kreisbewegung auch im Erzählstil des „epiodischen Grundes" keine Entsprechung.

Wenn wir mit Vers 496 ff vergleichen, wo wir im zweifellos authentischen *Conte del Graal* eine Kreisbewegung vor uns haben, so werden wir feststellen müssen, daß sie dort in geradezu plastischer Eindringlichkeit ein Handeln widerspiegelt, daß dort die Kreisbewegung erforderlich ist, um das Kreisen der Mutter um ihren Sohn, den sie nicht fortziehen lassen möchte, einzufangen:

> La mere tant come il li loist,
> Le retient et si le sejorne,
> Si li aparoille et atorne
> De chanevaz grosse chemise
> Et braies faites a la guise
> De Gales, ou l'an fet ansanble
> Braies et chauces, ce me sanble;
> Et si ot cote et chaperon
> De cuir de cerf clos anviron.
> Einsi la mere l'atorna.

Man fühlt förmlich das Ansichhalten der Mutter, die lieber noch eine ganze Anzahl Kleidungsstücke an ihrem Sohn anbringen würde, wenn sie ihn so länger als drei Tage zurückhalten könnte. Bewundernswert ist die Ökonomie des Ausdrucks, die solch ein dramatisches Losringen aus der den ganzen Roman haltenden Beziehung zwischen Mutter und Sohn in zehn Versen zusammendrängt, ohne sie direkt zu berühren, in zehn Versen, die das Detail nicht scheuen, ja nicht einmal die durch das Sichschließen des Ringes bedingte Wiederholung.[24]

Hier offenbart sich die synthetische Kunst Chrétiens. Noch ein Weiteres muß uns aber beim Vergleich der beiden Texte auffallen, eines, in dem der schon erwähnte dramatische Unterschied zu einem großen Teil angelegt ist: der Gebrauch der Zeiten. Chrétien verwendet das Präsens, um uns das Tun der Mutter miterleben zu lassen, uns mit ihrem Sorgen bis zu einem gewissen Grade zu identifizieren. In den zur Eremitenszene hinführenden Versen finden wir dagegen das passé défini, eine Zeit, von der Tatinia Fotitch mit Recht sagt, daß sie „beyond the sphere of experience of the hearer or reader" sei und daher nicht seine „direct empathy" anspreche, daß es eine Zeit sei, die uns zu fühlen gibt, „that we are dealing with a reality different from our own",[25] ja daß in ihr die Gefahr des Langweilens liege.

Gewiß, diese Gefahr ist längst nicht immer gegeben, Tatinia Fotitch kann vortreffliche Beispiele für „dramatic orchestraion" über das passé défini anführen, kann zeigen, wie es kraft seiner das Geschehen in die Tatsächlichkeit bannenden Funktion sogar belebend zu wirken vermag, dies beispielsweise, wenn es dem sonst Unglaubwürdigen vorgespannt wird, es kann dem Geschehen historisches Gewicht verleihen,[26] kann dem berichteten Liebreiz einer Dame einen Anstrich von Objektivität geben:

> La la trovai si afeitiee,
> Si bien parlant et anseigniee,

[24] Man beachte jedoch, daß mit Vers 505, was aus unserem Zitat nicht ersichtlich wird, das Gesagte sammelnd zu einem Neuen hingeleitet wird, wie die Initialen in *A F L P Q S U* deutlich lehren. Es wird hierdurch der Eindruck der Kreisbewegung verwischt, überspielt.

[25] Tatinia Fotitch, *The Narrative Tenses in Chrétien de Troyes,* A Study in Syntax and Stylistics, Washington 1950, S. 27.

[26] So *Yvain,* 2616–2620, ed. W. Foerster, Halle 1887.

De tel solaz et de tel estre,
Que mout m'i delitoit a estre,
Ne ja mes por nul estovoir
Ne m'an queïsse removoir; [27]

Wenn aber das passé défini, wie im Falle der Einleitung zur Eremitenszene, fortgesetzt und in sich selbst ruhend verwendet wird, ohne einzuweisen in einen Grund,[28] ohne sich zu erheben aus einer ihm plastisches Gepräge verleihenden syntaktischen Ebene, so wirkt es monoton und lähmend auf Grund seiner undifferenziert sich schichtenden Realität. Man beachte in diesem Zusammenhang die vielen gleichlautenden Formen, die der Text bringt: *passa, n'aora, demora, laissa, trova, esprova, enoia, emploia.*[29] Es wird nicht möglich sein, diese ganz augenscheinlich vom Tempus aufgezwungene und damit rhetorisch irrelevante Lauthäufung als Figur aufzufassen. Hier wird ganz einfach aufgereiht und mit kalter Intellektualität[30] verknüpft.[31]

Die zur Eremitenszene hinleitenden Verse verstoßen aber nicht nur in sich gesehen kraft ihrer retrogradierenden Grundtendenz und ihres kontinuierlichen Gebrauchs des passé défini gegen die Gesetze „chrétienscher Stilkunst, sondern auch auf Grund ihrer Funktion hinsichtlich des Einzuleitenden. Wenn dort zu lesen ist: *Einz que il antrast an mostier, Ne Deu ne sa croiz n'aora,* so wird damit das zu Erzählende als Inhalt in einer Weise vorweggenommen, die die Spannung zerstört. Nach diesen Versen ist es klar, was in der Eremitenszene geschehen soll, das Geheimnis der „aventure" unmöglich gemacht, für den Leser vereitelt. Es ist hier der Gipfelpunkt der Eremitenszene *Aprés le servise aora La croiz et ses pechiez plora* (v. 6495 f) unter fast wörtlicher Berührung vorweggenommen.

[27] *Yvain,* 241 ff.

[28] Man könnte nämlich meinen, daß hier das vorliegt, was E. Lerch mit Recht hinter dem Gebrauch des passé défini bei „naiven Erzählern" sieht, daß dieser es eilig habe, „von diesen einleitenden Angaben zu den eigentlichen Ereignissen zu gelangen" („Das Imperfektum als Ausdruck der lebhaften Vorstellung", *ZRPh,* XLII, 1922, S. 311–331, 385, 425, ebda., S. 319). Es mag dies auch mitschwingen, aber Tempo entsteht hier nicht.

[29] Bedenklich muß auch stimmen, daß diese Formen des passé défini in solch starkem Maße das Bild der Reime bestimmen. Chrétien de Troyes bringt *a*-Reime, die auf Grund der gemeinsamen grammatischen Natur des Wortes als dritte Person Singular des passé défini zustandegekommen sind, äußerst selten. Von 66 Reimen auf *a* im *Conte del Graal* bis zur Graalsburgszene entfallen hierauf nur 18. Nur ein einziges Mal begegnen zwei solcher Reimpaare, nie aber drei, auf engerem Raum (v. 2069/70, 2073/74).

[30] Intellektualität konnte, vor allem in mittelalterlichen Texten, oft der Emotionalität komplementär sein; hier ist dies aber wohl kaum der Fall.

[31] Wir können daher T. Fotitch nicht beistimmen, die gerade in dieser Einleitung zur Eremitenszene Chrétien „in his favorite *Denkform*" erkennt. T. Fotitch hat die Frage nach der Authentizität im *Conte del Graal* ganz offenkundig nicht berücksichtigt, so daß ihr gar keine Zweifel kommen konnten.

Wir zögern, einen solchen kompositorischen Lapsus Chrétien zu Lasten zu legen.

Man wird uns vielleicht entgegenhalten, Chrétien spreche noch öfter im *Conte del Graal* in ähnlichen Formeln von dem, was Perceval tun müsse, aber darin liegt eben der entscheidende Unterschied: Percevals Mutter sagt, was Perceval tun soll, bringt diese Formeln nur als eine Forderung, die an Perceval gestellt wird, eine Forderung aber, ein Gebot nimmt nicht die Spannung, sondern erhöht sie. Im obigen Falle aber führt das *einz que*[32] den Inhalt der beiden folgenden Verse als ein schon Geschehenes, das nur noch erzählt wird, ein.

Stagnierende Kreisbewegung, Gebrauch des passé défini und Zerstörung der Spannung scheinen mir eine klare Sprache zu sprechen und die Indizien hinzureichen, um an der Authentizität der Verse starke Zweifel aufkommen zu lassen.

Wie weit mag aber die Hand reichen, die hier die Notwendigkeit sah, den Faden der Erzählung weiterzuführen, vielleicht den Anschluß zu geben an eine authentisch chrétiensche Eremitenszene, die als Bruchstück erhalten gewesen sein könnte?

Uns scheint einiges dafür zu sprechen, daß wir diesen Einschnitt nach Vers 6230 bzw. 6232 zu machen haben, einmal, weil dort eine Unsicherheit in der Überlieferung vorliegt, man den Eindruck gewinnen könnte, daß experimentiert worden ist, um den Übergang besser durchzuführen, sodann, weil mit Vers 6233 die Erzählung wieder progressiv wird, der Stil synthetisch.

Vers 6231–6232, die in allen Handschriften außer *T* und *V* überliefert sind, fügen sich in der Tat gut in die Entwicklung ein,[33] sie verstärken aber noch den Eindruck des Auswälzens, denn in *mout bien s'i esprova* war das gleiche schon wenigstens ebenso wirkungsvoll gesagt. Man beachte auch, daß das *mout bien s'i esprova* ebenso wie das *dont il ne venist bien a chief*, die beide ein Werten im Sinne des Positiven enthalten, im Gegensatz stehen zu dem Bekenntnis, das Perceval in Vers 6367 ablegt:

N'onques puis ne fis se mal non.

Hier liegt ein Widerspruch, den man u. E. nicht mit dem Begriff „Gradualismus" lösen sollte, denn es liegt hier ein Verstoß gegen die innere Gesetzmäßigkeit einer chrétienschen Romanschöpfung vor. Wir neigen daher zu der Annahme, daß der Fortsetzer hier auf Grund seiner Neigung zum Theoretisieren und Werten *(requerre chevalerie, estranges avantures, felenesses et*

[32] Dieses *einz que* ist überlieferungsmäßig gesichert, außer *R* und *S (Qu'il onques n'entra)* führen es alle Handschriften.

[33] Vgl. A. Micha, *La tradition manuscrite des romans de Chrétien de Troyes*, a.a.O. S. 173.

dures,[34] *mout bien, en venist bien a chief, einz que, ne por ce)* den feingesponnenen Kosmos synthetischer Kunst, wie sie Chrétien eigen ist, zerstört oder zum mindesten beeinträchtigt hat.

In Vers 6233 ff lesen wir in ganz synthetischer Form, fast unverbunden, absolut berichtet ein nacktes Geschehen vorgestellt:

Sissante chevaliers de pris
A la cort le roi Artu pris
Dedanz les cinc anz anvea.

Hier wird nicht gewertet, sondern alles dem Leser überlassen, höchstens im folgenden Vers 6236 möchte man einen leichten Vorwurf wegen der Ausschließlichkeit dieses mit mechanischer Sicherheit vollzogenen ritterlichen Métiers durchhören, eine Vermutung, die in 6237 zur Gewißheit wird:

Einsi les cinc anz anplea
Qu'onques de Deu ne li sovint.[35]

Wie synthetisch aber ist beides, wie geschickt parataktisch nebeneinandergestellt, dem Leser die Bezugsetzung überlassend. Die Verse dagegen, in denen wir die Hand eines Fortsetzers zu erkennen glauben, explizieren, bringen das gleiche in ein Konsekutivgefüge *(a si perdue la memoire | Que de Deu ne li sovient mes),* wälzen es dann theoretisch aus.

Mit Vers 6233 wird daher u. E. die Hand Chrétiens wieder fühlbar. Doch soll damit nicht vorschnell ein Urteil über die Authentizität der Eremitenszene als ganzer gefällt werden, vielmehr wollen wir uns im folgenden eingehend ihrem Kern zuwenden.

In der Tat ist ja auch an der Eremitenszene als solcher hinsichtlich ihrer Authentizität Zweifel angemeldet worden, so vor allem von Ph. A. Becker. Zwar sind „Wortschatz und Wortverwendung", wie Ph. A. Becker feststellt, „dem chrestienschen Gebrauch angenähert",[36] aber das schon erwähnte „Branden" der Verse auf ihren Reim hin und „die etwas äußerliche, nicht sehr gemütstiefe Kirchlichkeit"[37] lassen ihn die Szene Chrétien dennoch absprechen.

Folgen wir dem Text; wir werden die Argumente Ph. A. Beckers dabei im Auge behalten, doch mehr als dies uns ins direkte Gegenüber mit dem Text stellen.

[34] Die Formel „aventures felenesses et dures" ist u. E. von *Conte del Graal,* v. 1257 f übernommen worden, wo sie sich viel besser in den Zusammenhang fügt, insofern dort der Narr dem Hof schlechte Zeiten voraussagt, im obigen Fall dagegen doch von Abenteuern die Rede ist, in denen sich Perceval hervorragend bewährt hat.

[35] Schon A. Hilka vermerkt in seinen Anmerkungen, daß Vers 6238 den Vers 6216 wiederaufnimmt (a.a.O. S. 738). – Der Fortsetzer hat, das legen unsere Untersuchungen nahe, einen chrétienschen Vers aufgreifend diesen zu einer Art Einleitung ausgesponnen.

[36] A.a.O. S. 412.

[37] Ebda., S. 408.

Au chief des cinc anz li avint
Que il par un desert aloit
Cheminant, si come il soloit,
De totes ses armes armez,
S'a trois chevaliers ancontrez
Et avuec dames jusqu'a dis,
Lor chiés an lor chaperons mis,
Et s'aloient trestuit a pié
Et an langes et deschaucié.

Wir haben eine echt chrétiensche Periode vor uns, die in neun Versen die Handlung von einer breiten Ausgangsbasis, dem Dahinziehen des schwerbewaffneten Ritters durch die Einöde, hinführt zur Begegnung. – Man beachte dabei auch die vertraute parodistische Note, die das Bild durch den Gegensatz zwischen der menschenleeren und – so darf man wohl schließen – sonnenversengten Wüste und dem Schwerbewaffneten erhält. – Die ersten Verse stehen wieder unter der verhaltenen Spannung eines Vorgriffs; man weiß von vornherein, daß dieses Dahinziehen nicht um seiner selbst willen da ist, daß es gerade als Leere, die sowohl in der Szenerie als auch in der Gedankenlosigkeit des Perceval um sich greift, eine wenn auch objektlose Anspannung auf etwas bedeutet, so wie die „gaste forest“ mit ihrer Schwere wirkungsvolle Ausgangsbasis für das Sichlösen einer Bewegung wurde. Diese Anspannung ist nicht eine gezielte, ebensowenig wie die in der scheinbaren Intentionslosigkeit des Perceval verborgene; sie ist eine vom angezielten Objekt losgelöste, absolute, der die Begegnung wie von ungefähr zufällt. Perceval ist ganz „queste“, ist ganz Suche, wüßte er schon das Objekt seines Suchens, so wäre er nicht mehr absolut Suchender, er wäre intentional gesehen immer schon ein Ankommender. Als der junge Perceval zu Beginn des *Conte del Graal* sich damit vergnügt, seine Lanzen nach allen Richtungen, nach rechts, links, oben und unten zu verschießen und er damit seine reine, vom Ziel losgelöste Ausgerichtetheit manifestiert, da begegnen ihm fünf Ritter, bietet sich ihm die erste Stufe in seinem Gang, die erste Etappe seiner Suche, und ein „tant que“ [38] bringt unübersehbar zum Ausdruck, daß gerade diese Sinnentleerung absolute Anspannung war auf eine sich ganz „zufällig“ einstellende Sinnerfüllung. So ist es auch hier. Perceval, „cheminant, si come il soloit“, reitet scheinbar ziellos dahin und trifft drei Ritter, mit „bis zu zehn“ Damen, die ihre Kapuzen über die Köpfe gezogen haben, zu Fuß daherziehen, in Lumpen, ohne Schuhwerk. Ein eindrucksvolles Bild, eines Chrétien würdig!

Betrachten wir dieses Bild, ein solches ist es in erster Linie, näher. Schauen wir es auch auf seinen religiösen Gehalt hin an, da Ph. A. Becker von dieser Seite her Anstoß genommen hat an der Eremitenszene.

Es ist offensichtlich aufgeteilt in eine Gruppe von drei Rittern und eine nicht genau bestimmbare Anzahl von Frauen, die alle Zeichen der Buße tragen, den Geist eines Kollektivs atmen, sich ihrer höfischen Würde begeben haben.

[38] *Conte del Graal*, v. 100.

Hier zeigt sich unseres Erachtens chrétiensche Laien- und zugleich Dichterperspektive im Bereich des Religiösen. Das Religiöse interessiert ihn als ästhetisch Verwertbares, als eindrucksvolles Bild, welches eine Gruppe namenloser Frauen abgibt. Bezeichnend ist, daß nur die begleitenden Ritter, von denen es nicht ausdrücklich heißt, daß sie Buße tun,[39] einer heiligen Zahl gewürdigt werden, obschon auch diese im übrigen in der Anonymität bleiben. Nur von den Frauen wird auch die gemüthafte Reaktion auf das Erscheinen des Perceval berichtet. Ein Ritter jedoch spricht und macht sich zum Interpreten des anonymen Erstaunens. Seine Rede ist sehr objektiv, fast eine Belehrung, sie berührt nichts, was ein praktisches religiöses „engagement" im Sinne der Buße bedeutete, der Ritter beweist vielmehr nur, daß er das Religiöse als Theologie, als Heilslehre beherrscht.

Wir sehen hier wieder, wie zart Chrétien den Bereich des Seelischen angeht, wie diskret er vermeidet, einem Ritter Worte in den Mund zu legen, die ihn in dienendem Bezug zum Religiösen zeigen.

All dies ist echt chrétiensche Atmosphäre, geheimnisvoll, dem Anschein nach bewußt zufällig und doch gezielt. Als dann die Sprache auf das spezifisch Religiöse im Sinne rituellen Tuns kommt, da ergreift eine der Damen das Wort und erklärt Perceval, daß man dort „la plus grant besoingne" [40] besorgt, die es im Leben eines Christen gibt, daß man sich Rat holt *(li demandames consoil)* und beichtet *(confesse i preïmes)*.[41]

Chrétien überläßt es ganz offensichtlich der Frau, dieses auszusagen, und er beweist damit ein Feingefühl, das seinen Fortsetzern sichtlich abgeht.

Schauen wir uns die Formel an, die für das Beichtgeheimnis verwendet wird. Man könnte auch dort freilich „gemütstiefe Kirchlichkeit" vermissen, es ist das Beichtgeheimnis aus der Perspektive eines Durchschnittsgläubigen, eine Umschreibung, die das Geheimnis gar nicht zu erklären versucht, es durch das Nennen mit edler Scheu ohne Deutung vorstellt.

Aber sollte man Chrétien hieraus einen Vorwurf machen oder den Text gar wegen mangelnder religiöser Tiefe Chrétien absprechen? Für ein solches Urteil fänden wir keine Unterstützung im Romanschaffen Chrétiens. Die Stellen, an denen religiöse Motive sich zeigen, verraten vielmehr alle die oben umschriebene Scheu vor der Aussage des Religiösen als solchem. Das Religiöse wird gewöhnlich spirituell unverbindlich gemacht, indem es als ein Tun vorgestellt wird, das irgendwie zum guterzogenen Menschen dazugehört.

So ist etwa das typenhafte „Messehören" zu verstehen, wie es in den Romanen Chrétiens erscheint.[42] Das Religiöse ist für Chrétien etwas, dessen Ausübung oder Beobachtung der Ehre dienlich sein kann,[43] das bisweilen angetan ist, der Situation etwas humorvoll Pittoreskes zu geben,[44] das sich zur

[39] Vgl. v. 6249 ff. [40] Ebda., v. 6312. [41] Ebda., v. 6310/11.

[42] *Yvain*, v. 4031 f, *Lancelot*, v. 539 u. a. m.

[43] Vgl. *Conte del Graal*, v. 570.

[44] *Yvain*, v. 1414 f: Et list an un sautier ses saumes, Anluminé a letres d'or.

gutmütigen Parodie eignet („Erscheinung der Ritter"), das die Waffe der Frau ist, weil sie keinen „anderen Stock" hat,[45] es ist eine Wirklichkeit, aus der heraus das Ausdrucksgut höfischer Liebe bereichert werden kann, die aber auch hin und wieder den Stoff für wenig schmeichelhafte Vergleiche liefert.[46]

Gewiß erschöpft sich hierin nicht die Rolle des Religiösen in den Romanen Chrétiens von Troyes.[47] So kann Maria Winkler mit Recht zu bedenken geben, daß im *Yvain* „die Messe zum Heiligen Geist" in enger Beziehung zum Romangeschehen eingesetzt wird, einen kampfreichen Tag einleitet, vor dem der Heilige Geist als der „Geist des Rates und der Stärke" angerufen wird,[48] aber auch hier wird festgestellt werden müssen, daß diese Beziehung nur als symbolische Gestalt gewinnt, nirgends explizit wird. Der Text berichtet nur ein Tun, das bezeichnenderweise dienend auf den Menschen bezogen ist *(lor fu dite)*:

S'oïrent a une chapele
Messe qui mout tost lor fu dite
An l'enor del saint Esperite.[49]

Ähnlich verhalten sich die Dinge im Prolog zum *Conte del Graal*, wo immerhin der gewichtige Satz „Deus est charitez"[50] zu verzeichnen ist, ein neutestamentliches Konzept,[51] dessen Gegenwart im Prolog zum Graalsroman M. A. Klenke zu der These ermutigt, „charity" sei das tragende Thema des *Perceval*, jene große „Charity of the Church", die allein fähig ist, die Konversion der Juden herbeizuführen, worin bekanntlich nach M. A. Klenke, die hierin U. T. Holmes folgt,[52] der allegorische Gegenstand des *Conte del Graal* liegt.[53] M. A. Klenke ist es entgangen, daß hier das Religiöse durch eine ganz konkrete, es begleitende Intention des Dichters vor einer zu tiefen Deutung geschützt wird, denn Chrétien beruft sich offensichtlich auf diese Verwandtschaft zwischen Gott und der Liebe, um nahezulegen, daß ein Mann von der Stellung eines Philip von Flandern sich ihm, dem Dichter gegenüber, der zum

45 *Yvain*, v. 4519 f: De priiere aïe li font
Les dames; qu'autres bastons n'ont.

46 *Yvain*, v. 627 f, 2535 ff.

47 Zumal, wenn man „Wilhelm von England" mit einbezieht, wofür manches zu sprechen scheint. Vgl. W. S. Woods, „The Rhymes in Guillaume d'Angleterre", *Mediaeval Studies*, XXII, 1960, S. 370–375. – Unsere Bedenken gegenüber der Methode auf S. 66 f (Anm.), S. 75 f.

48 Maria Winkler, *Der kirchliche Wortschatz in der Epik Chrétiens von Troyes*, Diss. München, 1958, S. 57.

49 *Yvain*, v. 5454 ff.

50 *Conte del Graal*, v. 47.

51 Jh., 4, 8.

52 U. T. Holmes, *A New Interpretation of Chrétien's „Conte del Graal"*, Univ. of North Carolina Stud. in the Rom. Langu. and Liter., VIII, 1948.

53 Sister M. A. Klenke, in *Chrétien, Troyes, and the Grail*, by U. T. Holmes, jr. and Sister M. A. Klenke, Chapel Hill, 1959, S. 100 ff.

erstenmal in seinem Auftrag geschrieben hat, wird freigiebig zeigen müssen, um seinen hohen Ruf zu rechtfertigen:

Que li don sont de charité
Que li bons cuens Phelipes done...[54]

Wir glauben also, daß mangelnde Tiefe im Bereich des Religiösen eher als ein Zeichen für die Authentizität der Eremitenszene gewertet werden kann, nur so ist es ja auch Chrétien möglich, dem Geschehen jenen Geheimnischarakter zu lassen, der alles in seinen Romanen sich Tuende umgibt. Die Mischung von mythischer Geheimnishaftigkeit und bisweilen fast abergläubisch primitiver Sicht des Religiösen, die wir in der Eremitenszene antreffen, ist gerade das Medium, das für einen Chrétien auf diesem Gebiete tragbar war. Perceval bleibt der naive, der Wirkung der „aventure" schutzlos Ausgelieferte,[55] in dem das Wort Beichte einen aus dem Unterbewußten quellenden, über sechsunddreißig Verse die Erzählung untermalenden Strom von Tränen auslöst:

Et Percevaus el santier antre,
Qui sospire del cuer del vantre
Por ce que mesfez se santoit
Vers Deu, dont mout se repantoit.
Plorant s'an vet vers le boschage.

Hier fließt die leicht parodistische Feder Chrétiens, die das Religiöse geschickt entgiftet und dem Ästhetischen aufschließt. Naiv wird das Ablesbare beobachtet, mit pastoralen Reminiszenzen bunt gemischt:

An une chapele petite
Trova l'ermite et un provoire
Et un clerçon, ce est la voire,
Qui comançoient le servise
Le plus haut que an sainte eglise
Puisse estre diz et li plus douz.

Perceval sucht Verzeihung für seine Sünden, und der Eremit, dem er weinend sein Anliegen vorträgt, empfiehlt ihm zu diesem Zweck die Beichte. So macht sich Perceval daran, sein Gewissen zu befreien. Er beichtet seine Hauptsünden, die darin bestehen, beim Besuch der Graalsburg weder nach dem Sinn des Blutstropfens an der Lanze noch nach der Bestimmung des Graal gefragt zu haben, Sünden also, die wahrlich keine im theologischen Sinne sind, dagegen wohl das einleitende Bekenntnis, er habe Gott nicht geliebt und seit fünf Jahren nicht mehr an ihn geglaubt. Sehr interessant, daß Perceval diese „Sünden" erst beichtet, nachdem er gefragt wird, warum er fünf Jahre lang nichts Gutes getan hat, warum er nicht an Gott geglaubt habe. Zwischen dem Unglauben des Perceval und dem Unterlassen der Frage auf der Graalsburg besteht also ein direkter, bewußt im Geheimnisvoll-Mythischen bleibender Zusammenhang. All dies ist gekommen, weil Perceval unter dem Bann einer „Sünde"

[54] *Conte del Graal,* v. 52 f.

[55] V. 6351: „Qui mout le vit sinple et plorant".

steht, von der er nichts weiß. Diese Sünde ist der Schmerz *(ce fu li diaus)*,[56] den er seiner Mutter zufügte, als er von ihr schied.

Theologisch gesehen ist das unvorstellbar, „absurd", wie A. Pauphilet mit Recht betont,[57] E. Köhler spricht von „schuldfreier Schuld".[58] Es ist daher nicht möglich, wie M. Lot-Borodine meinte, die Schuld Percevals als „Todsünde" zu identifizieren, die Perceval den Weg zur Gnade versperrt hätte,[59] denn eine Todsünde, von der man nichts weiß, wäre ein Widerspruch in sich. Zur Todsünde gehören Einsicht in das Tun und willentliche Entscheidung gegen die Ordnung Gottes,[60] Perceval dagegen ahnt nur unterbewußt, welch katastrophale Folgen sein Auszug gehabt haben mag.

Maria Winkler stellt als das Spezifische der Sünde *(le pechié)* heraus, „schuldig geworden zu sein vor Gott",[61] aber das gilt für Chrétien nicht so uneingeschränkt, wie man glauben möchte. *Pechié* kann bei Chrétien auch stehen für einen Verstoß gegen die Grundregeln höfischer Gesittung, eine Bedeutung, die sich zweifellos aus ersterer entwickelt hat, aber doch so weit Eigenständigkeit erreicht, daß *pechié* seine ihm ursprünglich eigene Bindung an Begriff und Gegenwart Gottes ganz verlieren kann oder nur noch als eine von mehreren impliziert.

Als Yvain „oblianz" geworden ist, ein Vergehen, das zweifellos außerhalb der theologischen Begrifflichkeit „Sünde" liegt, und er zur Strafe von Wahnsinn befallen wird, sagen sich die Dienerinnen, die ihn im Wald finden:

> Mes je ne sai, par quel pechié
> Est au franc home mescheü.[62]

Pechié heißt hier nicht „Sünde", sondern meint eine Schuld gegenüber den Normen höfischer Gesittung.

Bezeichnenderweise verweilt Chrétien dagegen ausdrücklich bei der im Schuldbekenntnis zum Ausdruck kommenden Hinwendung zu Gott, wenn dieser, wie im Falle der unschuldig verurteilten Lunete, keine Wirklichkeit entspricht. Hier kann sich das Religiöse, weil irgendwie nicht objektiv gegeben, frei entwickeln, hier ist es unzweideutig eingesetzt als ästhetisches Element, das der Erzählung Farbe zu verleihen geeignet ist:

> Et vit Lunete agenoilliee
> An sa chemise despoilliee
> Qui sa confesse avoit ja prise
> Et Deu de ses pechiez requise
> Merci et sa coupe clamee.[63]

[56] *Conte del Graal*, v. 6394.
[57] A. Pauphilet, *Le Legs du Moyen-Age*, a.a.O. S. 180.
[58] E. Köhler, *Ideal und Wirklichkeit in der höfischen Epik*, Tübingen 1956, S. 190.
[59] M. Lot-Borodine, „Le *Conte del Graal* de Chrétien de Troyes et sa présentation symbolique", *Romania*, LXXVII, 1956, S. 235–288, ebda., S. 270.
[60] Thomas v. Aquin, *In 2 Sent. dist. 42*, qI, a. I.
[61] M. Winkler, *Der kirchliche Wortschatz* ..., a.a.O. S. 70.
[62] *Yvain*, v. 2924 f.
[63] *Yvain*, v. 4389–4393.

Hier stößt das *clamer sa coupe* ins Leere, baut auf einem faktisch nicht Gegebenen auf.

Ähnlich verhält es sich auch mit der Sünde, wie sie in der Eremitenszene vorgestellt wird, sie ist, zum mindesten als eine konkrete Schuld des Perceval, nicht denkbar.[64]

Wir glauben daher auch vom Inhaltlichen gesehen im Kern der Eremitenszene die authentische Sprache Chrétiens zu erkennen und da, wie schon Ph. A. Becker feststellte, vom Wortschatz her nichts Auffälliges zu berichten ist, soll nur noch eine kurze Analyse weniger Verse (v. 6390–6395) unser Urteil erhärten.

Perceval hat dem Eremiten sein Unheil gebeichtet und auf die Frage des Eremiten seinen Namen genannt:

A cest mot li prodon sospire, 6390
Qui a le non reconeü,

Man beachte den Wechsel im Tempus. Das Präsens als Tempus der Einfühlung vermittelt das Geschehen der im Eremiten hervorgerufenen seelischen Erschütterung, wobei *sospire* zugleich eine bewundernswerte Ökonomie des Ausdrucks belegt, denn es steht allein da, um mit Wortsinn und Tempus das genannte Geschehen in sich zu bannen. Zart vor dem Eigentlichen, weil Seelischen ausweichend, die Emotivität entgiftend, fügt dann Chrétien den Grund bei: *Qui a le non reconeü.*[65] Die Aufmerksamkeit wird von den seelischen Schwingungen weggelenkt auf *non*, ein Schleier der Diskretion legt sich so über die mit einer leichten Stilbewegung objektivierte Erregung. Schön fügt sich in dieses Bild die verhaltene Dynamik des Perfekts, die so hervorragend geeignet ist, Objektivierung und Erregung in einem zu fassen.

Et dit: »Frere, mout t'a neü 6392
Uns pechiez don tu ne sez mot:
Ce fu li diaus que ta mere ot
De toi quant tu partis de li;

Auch hier begegnen wir wirkungsvollem Tempuswechsel, der vom Perfekt über das Passé défini ins Präsens spielt, und in dem sich die aufeinandertreffenden Perspektiven spiegeln: die weltfremde, in unbekümmerter Aktivität sich erschöpfende des Perceval, die mythisch-kosmische der ihn wie eine weite Spur verfolgenden Schuld und jene zurückliegende Realität eines nicht mehr zu ihm gehörenden aber noch geheimnisvollerweise fortwirkenden Tuns, von dem er erfahren muß, daß es diese Spur gestiftet hat.

Man mag in diesem Zusammenspiel der Zeiten gekonnten Stil sehen, ohne ihn als Chrétien kennzeichnend anzuerkennen. Unseres Erachtens wird man

[64] Vgl. auch weiter unten S. 140, 142 f, 144.

[65] Eine gute Übersicht über „Die Darstellung psychologischer Vorgänge in den Romanen des Kristian von Troyes" gibt Otto Schulz, *Die Darstellung psychologischer Vorgänge in den Romanen des Kristian von Troyes,* Halle a. S., 1903.

hier aber doch bei näherem Hinschauen die Feder Chrétiens feststellen können, wenn man sich klar wird, mit welcher vollendeten, weil ganz als Stiften zurücktretenden Kunst[66] diese Perceval verfolgende Schuld in ein Perfekt eingefangen und zugleich ausgedehnt wird, und sie der Autor dann durch ein realisierendes und identifizierendes Passé défini gleichsetzt mit dem Schmerz der Mutter: „Bruder, viel hat dir geschadet eine Sünde, von der du nichts weißt: dies war der Schmerz, den deine Mutter empfand über dich, als du von ihr schiedst." Man läuft Gefahr, eine meisterhaft gesetzte Nuance chrétienschen Stils zu verwischen, wenn man mit dem Hinweis auf den erfolgten Tod der Mutter erklärt, Perceval habe seiner Mutter buchstäblich das Herz gebrochen, und darin liege die Sünde. Gewiß, Chrétien verweist im folgenden auf diesen Tod der Mutter, und das *que* führt ihn unübersehbar als Begründung für das Voraufgehende ein, aber das ändert nichts an der geheimnisvoll synthetischen Formulierung, die wir oben zitiert haben. Das *ce fu* identifiziert die Sünde mit dem Schmerz, wodurch ein mythisch anmutender Eindruck von einem eigengesetzlichen Bereich des Bösen kreiert wird, von einer Ursünde, dem Schmerz verwandt.

All dies wird nicht expliziert, sondern im Stil gesetzt, scheinbar mühelos in den Fluß der Erzählung eingebettet. Unseres Erachtens beweist sich hier wieder die vortreffliche Ökonomie des Ausdrucks, der synthetische Stil, den wir schon oft an Chrétien beobachtet haben; jene Ökonomie, die den Dingen Zeit läßt, sie selbst zu sein, sie nicht zwingt, ihr Sagen preiszugeben.

Es scheint uns daher gesichert, daß der Kern der Eremitenszene von Chrétien de Troyes stammt. Doch wenden wir uns nunmehr ihrem Abschluß zu.

Der Eremit legt Perçeval nahe, zwei Tage bei ihm zu bleiben unter Fasten (es ist Karfreitag!), und er sagt ihm ein Gebet ins Ohr, in dem oft der Name des Herrn wiederkehrt:

> Car il i furent li greignor
> Que nomer ne doit boche d'ome,
> Se por peor de mort nes nome. 6488

Hier erkennen wir die uns schon vertraute naive Perspektive des „nichtaufgeklärten", in der Angst vor dem Göttlichen stehenden, auf fast heidnische Art Gläubigen, der angstvoll das Heilige umschreibt, erkennen wir Chrétiens zarte Diskretion gegenüber dem Religiösen, seine leicht parodistische Feder. Es wird Perceval, der schon, wie zuvor bei seiner Mutter und beim Ritter Gornemant de Gorhaut, eine Reihe von Ermahnungen für sein künftiges Verhalten erhalten hat, besonders warm ans Herz gelegt, mit diesem Gebet vorsichtig umzugehen:

[66] Augustinus hat dieses in großer Kunst erreichte ideale Verhältnis des Dichters zu seinen Mitteln sehr schön im Bild der „inseparabilis famula etiam non vocata" gefaßt: quasi sapientiam de domo sua, id est, pectore sapientis procedere intellegas, et tamquam inseparabilem famulam etiam non uocatam sequi eloquentiam. *(De Doctr. Chr.,* IV, 6; Corpus Christianorum, ser. lat., XXXII, S. 122 f, *PL* 32, 93).

Quant l'oreison li ot aprise,
Desfandi li qu'an nule guise
Ne la deïst sanz grant peril. 6491

Nur in großer Gefahr darf also Perceval diese größten aller Namen aussprechen.

Man kann sich gut ausmalen, wie peinlich genau Perceval dieses Gebot befolgen wird, wie er wieder in Schuld gerät, man ihm zum Vorwurf machen kann, er habe das empfohlene Gebet zu sehr für den Augenblick des „grant peril" aufbewahrt oder gar nicht gemerkt, daß große Gefahr ihn umgab. Wir sind hier auf Vermutungen angewiesen, aber eines dürfte klar sein: die Eremitenszene ist kein Abschluß, sie trägt alle Zeichen der nochmaligen Vorbereitung Percevals für eine ihm letztlich noch bevorstehende Aufgabe, erteilt ihm Lehren und Verhaltensmaßregeln für die „Queste du Graal". Und es ist ganz im Sinne der Gesamtlinie des *Conte del Graal*, wenn diese Lehre in ihrem die konkrete Anwendung anvisierenden Kern ein Moment enthält, das bei dem *nice Perceval* sehr leicht wieder zu Fehlschlüssen führen könnte.

«Non ferai je, sire» fet il.

Perceval gibt ein Versprechen ab, und dieses Versprechen leitet über in eine neue Erprobung in der „aventure", die darzustellen der Tod Chrétien gehindert hat. Die Eremitenszene ist keineswegs mit der Ankunft am Graal identisch, wie es die in Vers 6512 f berichtete Osterkommunion des Perceval vielleicht nahelegen möchte, sie ist Etappenziel, Ausgang zu erneuter Queste. Das zeigt sich deutlich in den folgenden Versen, in denen Chrétien in Knappheit das Geschehen beim Eremiten zuendeführt, weil es nicht weiter im Sinne des „Conte del Graal" relevant ist:

Einsi remest et si oï
Le servise et mout s'esjoï.
Aprés le servise aora
La croiz et ses pechiez plora 6496

Damit ist alles gesagt, und die Eremitenszene in kurzen Zügen abgeschlossen, um neuen Abenteuern Platz zu machen.

Ist es nicht vielleicht aufschlußreich, daß ausgerechnet an dieser Stelle die textliche Überlieferung ein Schwanken aufweist? In HS. *E* fehlen Vers 6505 bis 6508, nur *A P S* und *U* führen Vers 6507–6508, die möglicherweise eine Ausweitung darstellen,[67] Vers 6497–6498 *(Et se repanti duremant, Et fu einsi tot coiemant)* sind nur in *A C P S* und *U* enthalten. Zwar spräche, oberflächlich gesehen, nichts dagegen, die Verse als echte Fortsetzung der Eremitenszene anzusehen, aber warum sollte Chrétien, nachdem er in *ses pechiez plora* so geheimnisvoll vielsagend das Tun des Perceval berichtet hat, nun das gleiche noch einmal in theologischer Terminologie fassen und noch eine aus

[67] Vers 6507/08 und 6509/10 haben den gleichen Reim, was in sich schon genügt, um eines der beiden Verspaare als unecht zu erweisen.

pastoraler Empirie fließende Beobachtung hinzufügen *(Et fu einsi tot coiemant)*?

Was aber vor allem stört, ist die theoretische Ausdrücklichkeit von Vers 6509–6513.

Wir haben wiederholt zu sehen Gelegenheit gehabt, wie zart Chrétien vor der Aussage des Seelischen und erst recht des Religiösen ausweicht, wie er gerade in letzterem Bereich es stets vorzieht, durch Ambiguität der Symbolik (Zeltfräulein), durch Vorstellen des Religiösen in einer irdisch gebundenen Situation der Not (Nonnen und Mönche in Belrepeire), durch Entführung des Religiösen in einen Bereich magischer Beziehungen *(ce fu le diaus)* oder in die Parodie (Anbetung der Ritter) das Religiöse als solches zu verschleiern. Und hier sollte nun Chrétien geschrieben haben:

> A la pasque comeniiz 6512
> Fu Percevaus mout dignemant.

Man beachte das für Perceval kaum vorstellbare „mout dignemant", das aus pastoraler Empirie kommt, den für Dichtung unerläßlichen Schleier über der Aussage des Religiösen vermissen läßt,[68] beachte weiterhin, daß unmittelbar im Anschluß an diese Verse, durch Reim mit *dignemant* verbunden, der Kopist oder Fortsetzer zu Worte zu kommen scheint:

> De Perceval plus longuemant
> Ne parole li contes ci,

Noch eindeutiger aber wird u. E. die Sachlage, wenn in Vers 6509 ff, nachdem vorher von Gerste und Stall die Rede war, zu lesen ist:

> Einsi Percevaus reconut
> Que Deus au vandredi reçut
> Mort et si fu crocefiiez;

Das *einsi* ist unübersehbar, gedeckt durch eine einstimmige Überlieferung verknüpft es logisch die Heilseinsicht des Perceval mit der Ernährung des Pferdes. Man möchte mit dem Hinweis darauf, daß in HSS *A E* und *T* Initialen für *Einsi* gegeben werden, einwenden, daß dieses „einsi" nicht an die voraufgehenden Verse anschließe, sondern an die ganze Szene, worauf zu erwidern wäre, daß sich diese Interpretation erstens nur auf drei von fünfzehn Handschriften stützen kann, daß sie zweitens dazu angetan ist, den Eindruck eines nachträglichen Explizierens noch zu verstärken und schließlich, daß bei Chrétien ein „einsi", selbst wenn es eindeutig ein Neues einleitet, immer an die unmittelbar vorausgehenden Verse anschließt.[69] Es handelt sich

[68] Auch Paul Imbs („L'élément religieux dans le Conte del Graal de Chrétien de Troyes", *Les Romans du Graal,* Paris 1956, S. 31–53, ebda., S. 47, Anm. 7) scheint an den Versen Anstoß zu nehmen: „La communion pascale de Perceval est mentionnée très sèchement aux v. 6512–6513".

[69] Vgl. *Conte del Graal,* v. 125, 505, 781, 1033, 1301, 1771, 2161.

also, gemessen an sonsthin zu beobachtender chrétienscher Erzählkunst, um einen ausgesprochenen logischen Kurzschluß.

Es scheint uns daher die Annahme gerechtfertigt, daß mit Vers 6509–6513 ein Fortsetzer zu Worte kommt. Auch die nur in fünf Handschriften überlieferten Verse 6497–6498 glauben wir mit Sicherheit als Interpolation bezeichnen zu können, die in vier Handschriften enthaltenen Verse 6507–6508 vielleicht als Ausweitung. Gegen Vers 6499–6506 scheinen uns dagegen keine Indizien für eine eventuelle Unechtheit vorzuliegen, vielmehr zeigen sie eine in der Anlage starke Analogie zur Aufzählung der Speisen am Ende der Graalsburgszene, insofern in beiden Fällen die Aufzählung durch eine Dreiergruppe eröffnet wird (*Dates, figues et noiz muscates,* v. 3325; *Cerfuel, leitues et cresson,* v. 6502), und die folgenden Verse durch das sie jeweils einleitende *et* (v. 3326–3329; v. 6503–6507) die Vorstellung des Aufreihens wirkungsvoll untermalen. Aus dieser Sicht gesehen fügen sich auch Vers 6507–6508 gut in das Bild, bildet Vers 6508 einen Vers 3331 analogen Abschluß nach einer Kette gleichgebauter Verse. Sie stellen eine geschickte Fortsetzung dar, vielleicht aber auch authentisch chrétienschen Text.

Der eigentliche Einschnitt liegt demnach bei Vers 6509, von dem an u. E. ein interpretierender Fortsetzer[70] das, was Chrétien keineswgs klar gesagt hatte (wo wäre etwa von einer Kommunion die Rede?), in die Sprache pastoraler Praxis überführt und so gleichzeitig ein der „Überleitung“ zur Eremitenszene entsprechendes Zwischenglied zwischen Eremitenszene und wiedereinsetzenden Gauvainabenteuern schafft.

ZWEITES KAPITEL

Von der *Pucele soz un chesne* zur *Pucele cheitive*

Was läßt sich nun aus unseren Beobachtungen für die Erkenntnis der Gesamtstruktur des *Conte del Graal* gewinnen? Ist es denkbar, daß die Gauwainabenteuer in den Rahmen der „Queste del Graal“ hineingehören, ein Rahmen, der, wie wir in der Eremitenszene bestätigt fanden, bewunderungswürdig fein und meisterhaft konsequent konstruiert ist, dies vor allem in seinen bewußt eingesetzten scheinbaren Inkonsequenzen, genau so fein, so zart zwischen Parodie und humorvoller Darstellung eines Exzentrischen schwebend wie im *Lancelot.*

[70] Man beachte auch, wie oft in diesen Versen das Wort *Percevaus* vorkommt. Chrétien geht sehr sparsam mit der namentlichen Nennung seiner Helden um, Perceval ist meistens einfach *cil, il, li vaslez* oder, wie zu Beginn des *Conte del Graal, li filz a la veve dame.*

Bevor wir uns dieser Frage, die von G. Gröber, E. Hoepffner, Ph. A. Becker und jetzt Martín de Riquer verneinend beantwortet wurde, im einzelnen widmen können, werden wir das entscheidende Zwischenstück in den Blick nehmen müssen, das von der Graalsthematik zum **Gauvain* hinführt, um in der Eremitenszene doch wieder der ersteren zu weichen. Wir werden uns fragen, wo hier anhand des Stils, der Erzähltechnik und kompositorischer Grundsätze gesagt werden kann, daß chrétiensche Romankunst vorliegt und der Graalsroman seine Fortsetzung findet oder offensichtlich Heterogenes ins Werk gesetzt wird. Es geht dabei im wesentlichen um die Verse 3422–4815, um Verse, die Ph. A. Becker Chrétien insgesamt absprach, während E. Hoepffner zu der Überzeugung kam, daß Vers 4688–4747 ein Verbindungsstück darstellen zwischen dem *Perceval* und einem **Gauvain,* den er wegen seiner mangelnden dichterischen Qualitäten Chrétien absprechen möchte.[1] Für Martín de Riquer reicht der *Perceval* bis zu Vers 4687, also bis unmittelbar vor die Erwähnung des *Chastel Orgueilleus.* Nach seiner Ansicht folgt dann ein Vers, den der Herausgeber eingefügt hat, und dann beginnen die Gauvainabenteuer, ein im Grunde selbständiger Roman Chrétiens, in den mit Vers 4712–4740 noch einmal ein Stück *Perceval* eingeschoben ist.[2]

Wir wollen im folgenden weniger die aufgeführten Meinungen diskutieren, als uns einer möglichst unvoreingenommenen Analyse des Textes selbst widmen.

Stellen wir gleich zu Anfang fest, daß bis Vers 3431 nichts Auffälliges zu verzeichnen ist. Die Verse stellen eine typisch chrétiensche Überleitung von einem episodischen Grund in den anderen dar, eine Überleitung, die, in perfekter Übereinstimmung mit unseren Erfahrungen, eine angespannte Bewegung evoziert (*s'aquiaut,* v. 3422, *s'esleisse,* v. 3428) und über ein *tant que* (v. 3430) zu einer den Kontakt mit dem episodischen Grund vermittelnden Begegnung führt.

Mit Vers 3432 aber beginnen sich Bedenken einzustellen. Ph. A. Becker verzeichnet in diesem Zusammenhang das für Chrétien ungewöhnliche „dolereuse" sowie „de pute ore", „anjandree" u. a. m.[3] Mag man auch in einzelnen Fällen Ph. A. Becker aus Chrétien widerlegen können, die Beobachtung als solche scheint mir doch zuzutreffen. Der Wortschatz weicht insgesamt leicht von chrétienschen Gewohnheiten ab, zum mindesten von denen im *Conte del Graal,* ist präziser, verfolgt eine mehr dingliche, den Sachverhalt einkreisende Perspektive (*lavé et peignié,* v. 3476, *miauz le poil assis,* v. 3479, *a l'ame on peschoit,* v. 3504, *rivereors, archiers* und *veneors,* v. 3525 f, *chemin ferré,* v. 3644).

Man wird sich aber fragen müssen, ob dieser Eindruck nicht weitgehend von dem Bild her bestimmt ist, das der *Conte del Graal* bis zum Besuch der

[1] E. Hoepffner, Rez. G. Cohen, Chrétien de Troyes, *Romania,* LVII, 1931, S. 583.

[2] Martín de Riquer, „Perceval y Gauvain", a.a.O S. 139 ff.

[3] „Von den Erzählern...", a.a.O. S. 411.

Graalsburg in einem hinterlassen hat. Der *Conte del Graal* war bis dahin das Spiegelbild seines Helden, es lag über ihm etwas Weltfernes, Abstraktes, Unwirkliches, das sich auch im Wortschatz niederschlägt. Ein Roman wie der *Yvain* hat nicht im entferntesten die gleiche Abstraktion im Wortschatz, und doch ist auch er eine der letzten Romanschöpfungen Chrétiens, so daß die Erklärung, diese Abstraktion sei Chrétiens Spätstil, nicht ausreicht. So finden wir auch im *Yvain* das *il i pert* (v. 5689), das Ph. A. Becker nur im *Conte del Graal* vertreten glaubt, finden dort ein *pertuis* (v. 1272), an dessen Vorkommen in Vers 3744 und 3746 des *Conte del Graal* der Genannte ebenfalls Anstoß nahm, treffen in ihm ein *laver et aplanoiier* an (v. 1882), weiterhin *une cheitive, la plus dolante riens* (v. 3573f), ein *travailler*, das in Übereinstimmung mit *Conte del Graal*, v. 3701 „sich abmühen" heißt (v. 6133), stoßen hier auf *roncins, qui clochoient, foibles et megres et redois* (v. 4100f; vgl. *Conte del Graal*, v. 3693ff) und erleben Mädchen, von deren Kleidung Chrétien Analoges berichtet wie von der unserer „pucele cheitive":

Et as memeles et as cotes
Estoient lor cotes derotes
Et les chemises as dos sales.[4]

Doch wird man vielleicht einwenden, es habe jeder Roman seine Eigengesetzlichkeit, und das ist auch in der Tat der Fall. Wäre es aber nicht vorstellbar, daß es in der Struktur des *Conte del Graal* begründet liegt, wenn von einem bestimmten Punkt desselben an eine dinglichere Perspektive das Geschehen umfaßt und diese den Wortschatz entscheidend prägt? Muß nicht nach dem Scheitern Percevals die fast zu einer Transzendenz ansetzende absolute Sprache des *Conte del Graal* ins Konkrete zurückfallen?

Die Graalsburgszene selbst, zweifellos aus der Hand Chrétiens stammend, läßt dies schon erkennen, wird doch an ihrem Ende der Leser von einer ganzen Fülle kulinarischer Dinglichkeit überflutet:

Dates, figues et noiz muscates
Et girofle et pomes grenates
Et leituaires an la fin
Et gingenbrat alixandrin
Et pliris aromaticon,
Resontif et stomaticon.[5]

Noch während Perceval seine große Chance verspielt, beginnt also das Dingliche als dem ihm vergebens angebotenen geistigen Prinzip Entgegengesetztes ihn in seinen Bann zu nehmen, und in den Szenen mit den „puceles" steigert sich eben dieses Dingliche zu einer Impertinenz und Eindringlichkeit, die zu einem Teil Anklage ist, zu einem Teil aber auch, ähnlich wie das in der Graalsburgszene sich bietende Gegenständliche, Hinweis auf das, was zu tun ist. Wie in der Graalsburgszene alles Perceval darauf hinzulenken versucht,

[4] *Yvain*, v. 5201ff, vgl. *Conte del Graal*, v. 3720ff.
[5] *Conte del Graal*, v. 3325–3330.

daß er die entscheidenden Fragen stellt, so müßte ihn jetzt der in massiver Dinglichkeit sich präsentierende Schmerz dazu führen, daß er seine Schuld erkennt.

Uns scheint daher die im Wortschatz sich manifestierende zunehmende Dinglichkeit, die sich, wie Ph. A. Becker in einigen Fällen zu Recht vermerkt hat, leicht von chrétienschen Gewohnheiten entfernt, strukturell bedingt zu sein und ganz im Sinne des chrétienschen *Conte del Graal* zu stehen.

Doch wenden wir uns nun den textlichen Gegebenheiten im einzelnen zu. Nach der schon erwähnten „stilgetreuen" Überleitung treffen wir auf die *pucele soz un chesne* und erleben in ihren Worten einen *luctus* mit Apostrophe an *Mors* (v. 3450), wie A. Hilka schon vermerkt hat,[6] eine im Mittelalter sehr beliebte Form der literarischen Totenklage, die sowohl von Chrétien als auch von anderen Autoren des 12. und 13. Jahrhunderts gern praktiziert wurde und für die in der *Poetria* des Geoffroi de Vinsauf rhetorische Konzepte geboten werden.[7] Der *luctus*, den wir aus dem Munde der *pucele soz un chesne* hören, zeigt weitgehende Übereinstimmung mit der sonstigen Verwendung dieses Toposkomplexes bei Chrétien de Troyes, geht im übrigen auch soweit mit den von Geoffroi de Vinsauf formulierten Vorschriften überein. Da ist die Apostrophe an den Tod (v. 3450), wie sie Geoffroi de Vinsauf empfiehlt[8] und wie sie Chrétien de Troyes gern verwendet (*Philomena*, 979, 984; *Erec*, 4582; *Cligès*, 5721, 6154, 6158; *Karrenritter*, v. 4263, 4318), da ist der Gedanke, daß der Tod lieber den Klagenden als den Toten hätte dahinraffen sollen (*Erec*, 4581 f; *Cligés*, v. 6154 ff, 6261; *Karrenritter*, v. 4320 f), da ist die Bitte, dem Toten nacheilen zu dürfen (vgl. *Erec*, v. 4617 ff), eine Bitte, die sogar in der spezifischen Formulierung, die sie im *Conte del Graal* findet (*Morz, car an giete l'ame fors, Si soit chanberiere et conpaingne A la soe, se ele daingne;* v. 3450–3452) enge Berührung mit *Philomena*, v. 984 ff *(Morz, mout feroies grant franchise, Se tu avuec li me metoies, Morz, qu'atanz tu que tu n'anvoies M'ame avuec la soe deduire?)* und *Cligès*, v. 6180 *(conpaingnie porter deüst)* zeigt, aber auch mit *Yvain*, v. 3536–3539. *(An mon cors por qu'arreste m'ame? Que fet ame an si dolant cors? S'ele san iert alee fors, Ne seroit pas an tel martire.)*

In Übereinstimmung mit Geoffroi de Vinsauf und den genannten *luctus* bei Chrétien de Troyes wird auch, wenngleich weniger scharf,[9] dem Tod die

[6] A.a.O. S. 693.

[7] *Poetria Nova*, v. 373 ff (éd. Faral, *Les Arts poétiques du XIIe et du XIIIe siècle*, Paris ²1958).

[8] Ebda., v. 386 f.

[9] Vgl. etwa *Cligès*, v. 5719–5723:

«Dex! quel enui et quel contraire
Nos a fet la morz deputaire!
Morz trop es male, et covoiteuse,
Et sorprenanz, et envïeuse,
Qui ne puez estre saoulee ...»

Schuld gegeben (v. 3444 f) und Gott als der dieses Böse nur Zulassende aus der Anklage ausgenommen (v. 3441 f), als nur indirekt verantwortlich bezeichnet.

In einem wesentlichen Punkte aber weicht der *luctus*, den wir aus dem Munde der *pucele soz un chesne* erleben, entscheidend von dem bei Geoffroi de Vinsauf Vorgeschriebenen und bei Chrétien Üblichen ab, insofern er nämlich mit einer Selbstverwünschung eingeleitet wird:

> «Lasse!» fet el, «maleüreuse!
> Con de pute ore je fui nee!
> L'ore que je fui anjandree
> Soit maudite et que je nasqui,
> Qu'ainz mes voir tant ne m'irasqui
> De rien qui poïst avenir! [10]

Das ist um so bedeutsamer, als in diesen Versen die Wörter, an denen Ph. A. Becker Anstoß nimmt, besonders stark vertreten sind. Es würde sich, wenn man den Text als von Chrétien geschrieben ansieht, zweifellos um eine Neuerung im Bereich der Verwendung des *luctus* bei Chrétien handeln, eine Neuerung, die der Aussage weitaus größere personale Dramatik und Dynamik verleiht, als es die Schulrhetorik vorsieht. Absolut gesehen, ist es dagegen kein Novum. Der Autor greift ein durch das Buch Job entscheidend geprägtes literarisches Schema der Selbstverwünschung auf, dem dank den *Moralia* Gregors des Großen im Mittelalter große Aktualität zukam *(Pereat dies in qua natus sum)*,[11] ein Topos, der im übrigen schon durch den *Thebenroman* Eingang in die profane Literatur gefunden hatte. Der Autor des Thebenromans bringt eine ganze Anzahl von emotional gehaltenen *luctus*, und wir werden sehr stark an den Wortlaut der oben zitierten, den *luctus* einleitenden Selbstverwünschung erinnert, wenn wir dort lesen:

> «Lasse, dolente, que ferai?
> «Dolerose, que devendrai?
> «Chaitive rien, por quei nasquis? [12]

Es ließen sich diese Parallelen zwischen der zitierten Selbstverwünschung im *Conte del Graal* und dem *Thebenroman* noch erweitern,[13] so daß man fast den Eindruck gewinnen könnte, hier liege Einfluß vor.

Wird man dies aber als ein Argument gegen die Verfasserschaft Chrétiens verwenden können?

[10] *Conte del Graal*, v. 3435–3439. [11] Iob, 3, 3.

[12] *Le Roman de Thèbes*, publ. par L. Constans, *SATF*, Paris 1890, Vers 57–59.

[13] Vgl. noch *Roman de Thèbes*, v. 64 *(por quei fus onques engendrez)*, v. 84 (*duel... mener*; vgl. *Conte del Graal*, v. 3453), v. 2373 *(Ahi! lasse, maleüree)*, v. 2463 *(com mar fui nee)*, v. 6248 *(la chaitive, la dolorose)*, v. 6444 *(duel meine)*, dazu v. 53 *(la mére plore et crie et brait)*, wo sich die den *luctus* einleitende Dreierfigur *(qui crie et plore et se desresne, Conte del Graal*, v. 3432) fast wörtlich wiederfindet.

Fragen wir uns vielmehr, was Chrétien veranlaßt haben könnte, besonders starke, für ihn ungewöhnliche Akzente zu setzen und sich hierzu vielleicht am Thebenroman zu inspirieren.

Man könnte in diesem Zusammenhang einmal auf die schon erwähnte Tatsache hinweisen, daß Perceval nach dem Scheitern auf der Graalsburg von einer Welt aufdringlicher undurchgeistigter Dinglichkeit aufgenommen und zugleich abgestoßen wird, und könnte die sich hier bietende chaotische Emotionalität als ein Element auffassen, das den Verlust der geistigen Spannung andeutet, ein symbolischer Vorgriff ist auf das *Que iroie je avant querre,*[14] in dem sich die geistige Sterilitiät, in die Perceval eingebrochen ist, so plastisch zeigt. Es bietet sich aber noch eine weitere, im Grunde nur die vorige bestätigende Interpretation: die Selbstverwünschung der *pucele* ist eine geschickte Projizierung des Schmerzes, der Perceval erfüllen müßte. Perceval begegnet gewissermaßen sich selbst, begegnet seiner Verlorenheit, so wie er auf der Graalsburg seiner Sendung begegnet ist. In der Konstellation des ihm Begegnenden liegt ein Aufruf zur Selbsterkenntnis, an dem der *nice Perceval* genauso unbeirrt vorbeigeht wie an jenem anderen schweigenden und nur kraft der sich bietenden Tatsachen beredten Aufruf. Das Leid tritt Perceval in solch massiver Form entgegen, damit er auf seine Schuld an diesem Leid geradezu gestoßen wird. Kommentarlos wird die Sprache des Schmerzes, jenes Elementes, das mit der Schuld des Perceval identisch ist *(ce fu li diaus)*; vor Perceval hingestellt; eine geschickt durchgeplante Orchestration geheimnisvoller Bezüge umgibt ihn, wie auf der Graalsburg, steht in lebhaftem Dialog mit seinem Geschick.

Perceval ahnt von all dem nichts. Fast klingt es wie naiver Stolz, wenn er in dem meisterhaft gestalteten Dialog mit der *pucele,* in dem Hast des Wissenwollens auf der einen und naive Einsilbigkeit auf der anderen Seite Gestalt gewinnen,[15] auf die Frage, ob er gefragt habe, antwortet:

«Onques de ma boche n'issi.»[16]

Uns will es daher scheinen, daß wir uns hier der Darstellungskunst Chrétiens gegenüber befinden, einer Darstellungskunst, die über viele Register verfügt, und die hier zu kräftigeren Akzenten greifen muß, weil es die Struktur des *Conte del Graal* verlangt. Unverkennbar ist hier jene innere Gesetzmäßigkeit einer Entwicklung wirksam, in der die Einheit des *Conte del Graal* liegt.

Diese Gesetzmäßigkeit verlangt, daß der *nice Perceval* nur langsam und stufenweise in sich selbst Einblick erhält, daß er, nachdem ihm in den Klagen der *pucele soz un chesne* der Spiegel vorgehalten worden ist, ohne daß ihm dies bewußt würde, zunächst einmal mit der Tatsache seiner Verkettung mit

[14] *Conte del Graal,* v. 3622.

[15] Der Dialog fand schon die Bewunderung Alfons Hilkas, *Die direkte Rede als stilistisches Kunstmittel in den Romanen Kristians von Troyes,* Halle 1903, S. 147.

[16] *Conte del Graal,* v. 3570.

Schuld vertraut gemacht wird, wobei jedoch der eigentliche Grund dieser Schuld im Dunkeln bleibt:

Ne ne me poise mie mains
De ce qu'einsi t'est mescheü
Que tu n'as del graal seü
Qu'an an fet et cui an le porte
Que de ta mere qui est morte,
Ne qu'il fet de cest chevalier
Que j'amoie et tenoie chier[17]

Hier wird das Unglück, das Perceval auf der Graalsburg widerfuhr, in geheimnisvoller Andeutung neben den Tod der Mutter und den Tod des Ritters gestellt, ohne daß zwischen den drei Tatsachen eine Relation von Ursache und Wirkung hergestellt würde, wird Perceval die Lösung des Rätsels überlassen. Diese Verse sind unseres Erachtens hervorragend geeignet, die feine Textur des *Conte del Graal* auch über den Besuch der Graalsburg hinaus zu zeigen, lassen sie doch erkennen, wie meisterhaft hier Schuld und Erkenntnis dosiert werden, wie geschickt es dem nichts begreifenden Perceval noch ermöglicht wird, an der Wahrheit vorbeizugehen und mit seiner unbekümmerten Naivität aus dem Ganzen ein Fazit zu ziehen, das nicht hinter dem des pastetenessenden Gast des Zeltfräuleins zurücksteht:

«Les morz as morz, les vis as vis.»
Alons an moi et vos ansanble.[18]

Indes sind da einige Verse, die diese einigende Textur des *Conte del Graal* zu beeinträchtigen scheinen, Vers 3593–3595:

Por le pechié, ce saches tu,
De ta mere t'est avenu;
Qu'ele est morte de duel de toi.

Die Verse erinnern an die Aufklärung über Percevals Schuld, die der Eremit gibt. Halten wir sie vergleichsweise daneben:

«Et dit: «Frere, mout t'a neü
Uns pechiez don tu ne sez mot:
Ce fu li diaus que ta mere ot
De toi quant tu partis de li;
Que pasmee a terre cheï
Au chief del pont devant la porte
Et de cest duel fu ele morte.
Por le pechié que tu an as
T'avint que tu ne demandas
De la lance ne del graal,
Si t'an sont avenu maint mal,
Ne n'eüsses pas tant duré,
S'ele ne t'eüst comandé
A Damedeu, ce saches tu.

[17] *Conte del Graal,* v. 3602–3608. [18] Ebda., v. 3630–3631.

Stellen wir gleich zu Anfang fest, daß im Vers 6393 gesagt wird „Eine Sünde, von der du nichts weißt". Diese Aussage muß überraschen, denn wie sollte Perceval nichts von dieser Sünde wissen, wenn sie ihm zuvor in aller Eindringlichkeit vorgehalten worden ist, wobei wir noch bedenken müssen, daß die Distanz von 3000 Versen wesentlich vermindert werden müßte, wenn wir annähmen, daß die eingeschobenen Gauvainabenteuer nichts mit dem *Perceval* zu tun haben, eine Frage, die wir indes einstweilen noch dahingestellt sein lassen wollen. Zu beachten ist auch, daß Perceval bei seinem Sündenbekenntnis vor dem Eremiten nur das Unterlassen der Frage erwähnt, nicht aber den Schmerz, den er seiner Mutter zugefügt hat. Perceval erfährt in der Eremitenszene etwas absolut Neues. Er weiß, daß er gefehlt hat, bekennt und beweint seine Sünden, aber diese Sünden sind für ihn das Unterlassen der Fragen und seine anschließende Gottferne, von jener anderen Schuld seiner Mutter gegenüber weiß er nichts, und der Eremit betont ausdrücklich:

Uns pechiez don tu ne sez mot: (v. 6393)

Auch ist zu bedenken, daß die Eremitenszene schon durch das einleitende Bild der in Buße dahinziehenden Frauen ganz auf Einkehr abgestimmt ist,[19] daß sie auf Grund der Tatsache, daß Perceval fünf Jahre lang vergebens versucht hat, seinen Fehler wiedergutzumachen *(Onques puis, certes, n'amandai)*, zu einer Art inneren Revision hinführt, den Charakter eines Etappenzieles trägt, einer neuen Stufe, nach deren Durchlauf Perceval mit einer neuen Perspektive, mit neuen Lehren gestärkt, seine „Queste" wieder aufnehmen kann. Hierher gehört daher die Einsicht in die entscheidende Schuld, eine Einsicht, die Perceval durch den Eremiten vermittelt wird und die wesentliche Voraussetzung für eine Fortsetzung der „Queste" ist, in Vers 3593–3595 dagegen erscheint sie fehl am Platze.

Fragen wir uns aber, ob Perceval in den genannten Versen tatsächlich eine echte Lösung der Schuldfrage geboten wird. Sind nicht die syntaktischen Verhältnisse der Aussage so wirr, daß der ‚nice Perceval' die Zusammenhänge nur schwerlich durchschauen kann?

Chrétien verwendet in Vers 3590–3592 zweimal das Verb *avenir*, hat mit ihm einmal Irreales *(avenist)*, sodann erst zu Geschehendes umfaßt *(avandront)*, nun aber bringt das gleiche Verb im Perfekt ein Geschehenes, ohne daß ein Subjekt dieses bezeichnete:

Por le pechié, ce saches tu,
De ta mere t'est avenu;
Qu'ele est morte de duel de toi.

Wo ist das Subjekt zu „t'est avenu"? Theoretisch könnte es, abgesehen von der Interpunktion, in „Qu'ele est morte de duel de toi" bestehen, aber das ist

[19] Eine ähnliche Funktion kommt wohl auch der Wüste zu, durch die Perceval reitet, bevor er zum Eremiten gelangt; sie ist, typologisch gesehen, als Ort der Einkehr möglich (vgl. Mk., 1, 13; Lk., 3, 2; Lk., 5, 16).

unwahrscheinlich, da mit *de duel de toi* schon ein Grund für den Tod der Mutter angegeben wird. Auch ist es das erstemal, daß Perceval vom Tode seiner Mutter erfährt, der Tod kann also nicht zur Stützung eines zu belegenden Unglücks benutzt, sondern muß erst als Tatsache eingeführt werden mit „denn". Das Subjekt kann also wohl nur im voraufgehenden Satz liegen, aber dieser spielt in der Zukunft *(Mes or saches que grant enui | An avandront toi et autrui)*, wie sollte dann seine Aussage einem folgenden Perfektsatz zum Subjekt dienen? – Gewiß, man wird sich sagen, „t'est avenu" greife eben trotz der klanglichen Berührung mit „t'en avenist" und „avandront" nicht das verkündete Unheil auf, sondern beziehe sich auf das Unglück, das Perceval geschehen ist, als er auf der Graalsburg die entscheidenden Fragen nicht stellte. Man wird jedoch zugeben müssen, daß dies, syntaktisch gesehen, ungeschickt zum Ausdruck gebracht wird.

Zwar könnte man der Meinung sein, diese Ungeschicklichkeit belege nur, daß Chrétien den *Conte del Graal* von einem bestimmten Punkt an nicht mehr überarbeiten konnte, wahrscheinlich spielt aber auch noch mit, daß Perceval hier mit voller Absicht des Dichters die Dinge so verschleiert gesagt bekommt, daß er die Zusammenhänge nur schwer begreifen kann.

Ganz nach der Art Chrétiens ist die „Überleitung", die uns in die Begegnung mit der *pucele cheitive* führt (v. 3691 ff); sie ist angespannt *(toz uns esclos)* und stellt über *tant que* die Verbindung her zu einer in den episodischen Grund einweisenden Begegnung, in diesem Fall der Zelter, auf dem die *pucele cheitive* sitzt:

Del palefroi estoit avis,
Tant estoit megres et cheitis,
Qu'il fust an males mains cheüz:
Bien traveilliez et mal peüz
Sanbloit que il eüst esté,
Si con l'an fet cheval presté,
Qui le jor est bien traveilliez
Et la nuit mal apareilliez;
Autel del palefroi sanbloit.

Stellen wir vorweg fest, daß die Wiederholung von „bien traveilliez", die keine Ansprüche auf rhetorische Wirkung erheben kann, auffällt, daneben auch die beinahe wörtliche Wiederaufnahme von „qu'il fust" in „com s'il fust", Mängel, die indes dem unfertigen Charakter des *Conte del Graal* zu Lasten gelegt werden können.

Auffallend ist die starke soziale Referenz, die durch die Verbindung von „bien traveilliez" und „mal peüz" entsteht und die fast als erste Forderung nach einem Angleichen von Arbeitsleistung und Lohn gedeutet werden könnte. Indes ist auch das nicht absolut überraschend für Chrétien, denn im *Yvain* finden wir ein noch profilierteres Beispiel für solch „revolutionär" anmutende Gedanken:

Car qui gaaigne la semainne
Vint souz, n'est mie fors de painne.
......
S'est riches de nostre deserte
Cil por cui nos nos traveillons.[20]

Sehr wenig im Sinne von Chrétien, seiner edlen Art zuwiderlaufend, scheint auf den ersten Blick das „Si con l'an fet cheval presté". Chrétien ist gerade in seinen Vergleichen in der Regel äußerst edel, gibt klar umrissene, unkomplizierte Bilder aus dem natürlich sich Bietenden.[21]

Aber auch hier genügt ein Blick in den *Yvain*, um sich davon zu überzeugen, daß Chrétien sehr wohl auch kräftigere Akzente setzen konnte.

So wird das Wesen Keus in recht drastischen, wenn auch im Bereich des Natürlichen gegebenen Vergleichen eingefangen:

Toz jorz doit puïr li fumiers
Et taons poindre et maloz bruire,
Enuieus enuiier et nuire.[22]

Und an einer anderen Stelle des *Yvain* zeigt Chrétien, daß er seine Vergleiche sehr wohl auch aus dem trivialen Erwerbsleben wählen kann:

N'avoit mie cinc souz costé
Li sestiers don fu fez li pains
Qui plus iert egres que levains,
D'orge pestriz atot la paille,
Et avuec ce iert il sanz faille
Moisiz et ses come une escorce.[23]

Daß aber in der Struktur des *Conte del Graal* begründet liegt, wenn gerade nach Percevals Scheitern diese Elemente zum Zuge kommen, haben wir schon zu zeigen versucht, nicht allzu verwunderlich ist es auch, wenn dabei das eine oder andere Wort erstmalig bei Chrétien auftritt.[24] Nicht so ist es jedenfalls mit den drastischen Versen 3708 ff, die wiederum auf den *Yvain* verweisen.[25]

Der Stil des *Conte del Graal* steht in einem engen Verhältnis zur Struktur der inneren Entwicklung seines Helden. Das zeigt sich auch in der Beschreibung des Zelters, der im Vergleich zu dem, was Perceval vor dem Besuch der Graalsburg begegnet, viel irdener, viel schwerer ist, und diese Schwere wird in Stil und Wortschatz gestiftet.

[20] *Yvain*, v. 5311 f, 5318 f.

[21] Werner Ziltener (a.a.O. S. 85 ff) gibt für eine Anzahl chrétienscher Vergleiche überzeugende Parallelen bei Vergil an.

[22] *Yvain*, v. 116 ff. [23] *Yvain*, v. 2846 ff.

[24] Man bedenke nur, daß auch *graal* und *tailleor* nur im *Conte del Graal* vertreten sind.

[25] Es ist nicht von ungefähr, daß wir so oft auf den *Yvain* verweisen müssen. *Yvain* und *Perceval* sind unseres Erachtens nicht ohne Beziehung zueinander. Wir werden im zweiten Teil unserer Untersuchung Gelegenheit haben, hierauf näher einzugehen.

Vergleichen wir beispielsweise die Beschreibung des palefroi (v. 3706–3714) mit der des Zeltes, in dem das Zeltfräulein schläft (v. 641–648).[26]

Der Wortschatz ist hier ein erster Hinweis auf die unterschiedliche Perspektive. Zwar weicht die Verteilung von Substantiven und Verben (13 Substantive, 6 Verben beim *palefroi*; 10 Substantive, 6 Verben beim Zelt) nicht wesentlich ab, aber in Art und Funktion der Substantive sowie in der Weise, wie sie vom Verb angegangen werden, liegen entscheidende Unterschiede.

Vers 641, mit dem die Zeltbeschreibung einsetzt,[27] stellt das zu Beschreibende in einem es einleitend umfassenden Substantiv vor *(trez)*, das noch im gleichen Vers ganz hinter dem zurücktritt, was dieses nicht als Dinghaftes, sondern als ein an einem größeren Zusammenhang Teilhabendes auszeichnet. Diese Teilhabe wird entfaltet in einem prädikatsnominalen Adjektiv *(biaus)*, das in ein Allgemeines, Entdinglichtes (Schönheit) verweist; *a grant mervoille* als modale Adverbialverbindung verleiht dieser Entdinglichung noch den Anstrich des Wunderbaren, märchenhaft Entlegenen:

Li trez fu biaus a grant mervoille;

Vers 642/643 *(L'une partie fu vermoille | Et l'autre verz, d'orfrois bandee;)* scheinen auf den ersten Blick ähnlich den Versen 3706/3707 gebaut *(Toz li chaons li fu fonduz, Et les oroilles li pandoient)*, aber man beachte, wie in ihnen dinghaftes Denken eludiert wird. Was ist „l'une partie" und was ist „l'autre"? *Li chaons* dagegen ist ein ganz Bestimmtes, technisch genau Erfaßtes,[28] nämlich der Hals, sogar spezifisch der Pferdehals, hier läuft die Bewegung nicht ins Allgemeine, sondern ins Spezifische, ist verengend. Im Falle der Zeltbeschreibung aber läßt Chrétien der Phantasie freien Raum, befruchtet sie geradezu durch Substantive und Qualifikativa, die das zu Beschreibende nicht definieren, einengen, sondern es hineinholen in einen weiten, weiterführende Schwingungen auslösenden Zusammenhang. Die wichtigste unter diesen ist die symbolische, die hier in *vermoille* und in *d'orfrois bandee* gleich stark anklingt.

[26] Es erübrigt sich wohl, zu betonen, daß dieser Vergleich keineswegs auf gegenständlicher Ebene liegen soll, sonst wäre es nicht angezeigt gewesen, solch verschiedene Objekte zu wählen. Wir hätten dennoch die Beschreibung eines Tieres zum Vergleich gewählt, wenn es eine solche in den ersten 3000 Versen des *Conte del Graal* gäbe. Der *chaceor* des Perceval und der Esel des *charbonier* finden als Erscheinung nicht die geringste Beachtung, was in sich schon ein Zeichen für die bis zum Besuch der Graalsburg vorherrschende Abstraktion im Bereich des Dinglichen ist.

[27] Man beachte auch, daß die Beschreibung des *palefroi* wesentlich länger ist als die des Zeltes, wir mußten aus ihr auswählen, während wir im Falle des Zeltes die ganze Beschreibung geben konnten.

[28] So technisch, daß die Textüberlieferung hier erhebliche Schwankungen aufweist *(Touz li chaveus U, Tout le charnaill S, Toz li vantres B Q, Toz li hanches li fu fenduz C, Tot le cavel aveit tonduz F, Tos li caveus li fu cheüs R, fu tondus T, Tut li chevals estoit funduz H, Teus chevaus ne fut ainc veüs P).*

Interessant im Zusammenhang unseres Vergleichs ist auch Vers 644, der mit *desus* eine technische, weil örtliche und damit präzisierende Nuance enthält *(Desus ot une aigle doree)*. Man vergleiche dazu Vers 3712/3713 des weiter oben zitierten Textes (*Une sanbue sor le dos Et un lorain ot an la teste)*. Der Unterschied liegt auf der Hand. *Desus* ist im ersten Fall ganz absolut gebraucht, steht allein gewissermaßen als absolute Örtlichkeit, wenn auch als ein Oben leicht eingeengt; im Vers 3712 dagegen wird der präzise Standort angegeben, Verb, direktes Objekt und adverbiale Bestimmung des Ortes schließen sich zu einer präzisen Angabe.

Dies mag uns zu einer weiteren Beobachtung führen, die nicht weniger bedeutsam ist und mit der syntaktischen Funktion des Substantivs zusammenhängt. Wenn wir nämlich die Relation Verb – direktes nominales Objekt in den Blick nehmen, so wie wir es in *une sanbue ot* vor uns haben, so werden wir die überraschende Feststellung machen müssen, daß in den 15 Versen, die uns im *Conte del Graal* das Zelt des Zeltfräuleins vorführen (v. 638–652), nur ein einziges Verb ein direktes nominales Objekt bei sich führt, und es ist kein Zufall, wenn dieses Verb *veoir* heißt *(vit un tref tandu)*, ein Verb also, das seiner Funktion nach nur die Begegnung vermittelt.

Chrétien meidet hier ganz offensichtlich die Relation Verb – direktes nominales Objekt, weil diese dazu angetan ist, einen unverrückbaren, statischen Zustand zu evozieren, den Eindruck irdener Schwere hervorzurufen und daher im Gegensatz stehen würde zur geistigen Spannung, die den *Conte del Graal* bis zur Graalsburg und dann wieder in der Eremitenszene trägt.

Bei der Beschreibung des *palefroi* jedoch, die gerade diesen Eindruck hoffnungslos den Weg zum Geistigen versperrender Dinghaftigkeit zu vermitteln hat, haben drei der sieben Verben ein direktes nominales Objekt, und ein Satz wie „un lorain ot en la teste" läßt klar erkennen, wie sehr diese Relation dazu angetan ist, den Eindruck der geschlossenen, in sich ruhenden syntaktischen Einheit zu erwecken und damit sich in dienenden Bezug zu stellen zur Struktur des *Conte del Graal,* die hier solcher Elemente bedarf, um den Leerlauf in der Entwicklung Percevals widerzuspiegeln.

Aus dieser Sicht erklärt es sich auch, wenn im folgenden entgegen chrétienschen Stilgewohnheiten eine *pucele cheitive* vorgestellt wird, die sich vergebens bemüht, ihre Nacktheit vor Perceval zu verbergen. Zwar könnte man sich, wie wir schon kurz vermerkt haben, auf eine Parallele im *Yvain* berufen,[29] aber das Bild bleibt doch überraschend, es widerspricht zu sehr der Geistigkeit, mit der Chrétien das Fleischliche nur andeutungsweise einzubeziehen pflegt, bei der Einführung von Frauengestalten beispielsweise immer im Typenhaften bleibt[30] und vor allem sich stets mit der Beschreibung der Kör-

[29] Yvain, v. 5201 ff.

[30] Vgl. etwa die „damoiseles" im *Karrenritter* (v. 430 ff, 607, 888, 932 ff), nicht anders das Zeltfräulein (v. 668 ff). Eine Ausnahme bildet nur Blancheflor, deren Schönheit Chrétien 34 Verse widmet, unter denen einige (v. 1815 ff) sich erheblich vom Typen-

perteile begnügt, die im Bereich des Gesichtes als Trägers geistiger Bezüge liegen.[31] In unserem Fall jedoch muß das Fleisch in den Vordergrund treten, muß es geradezu aufdringlich werden als Hinweis, den Perceval ebensowenig verstehen kann wie den in der Prozession auf der Graalsburg einbeschlossenen. Perceval müßte an der Art, wie ihm jetzt Trauer und *chars* vor Augen gestellt werden, erkennen, daß er einer inneren Revision bedarf.

Erst in der Eremitenszene bahnt sich diese innere Revision an, und ein stilistisches Detail mag uns zeigen, wie zart Chrétien diesem Sichanbahnen im Bereich der Darstellung des Körperlichen seine Entsprechung gibt.

Hören wir, wie die Tränen der *pucele cheitive* fließen:

> Desliiee et desafublee
> Estoit, si li paroit la face,
> Ou il ot mainte leide trace;
> Que ses lermes sanz prandre fin
> I avoient fet maint traïn
> Et jusqu'au sain li avaloient
> Et par desor[32] la robe aloient
> Jusque sor les genouz colant.

Vergleichen wir damit Vers 6348 ff aus der Eremitenszene:

> Percevaus se met a genouz
> Tantost come antre an la chapele;
> Et li buens hon a lui l'apele,
> Qui mout le vit sinple et plorant;
> Que jusques au manton colant
> L'eve des iauz li degotoit.

In beiden Fällen wird ein mitleiderregender Zustand geschildert, wobei sich Chrétien mit besonderer Sorgfalt dem Fließen der Tränen widmet. Die textlichen Übereinstimmungen („jusques au manton", v. 6352; „jusqu'au sain", v. 3735; „colant", v. 6352, 3737) zeigen deutlich die Analogie im Ansatz. Aber im Falle der Eremitenszene stehen die Tränen nicht für sich, sie sind handlungsmäßig eingebaut als Geste der Buße, die den Kniefall fortsetzt, sind zugleich Verweis auf den Weinenden, den sie als *sinple* auszeichnen. Die Tränen machen konkret am Kinn halt, bleiben also im Rahmen des Gesichtes als dem Ort des Geistes, auf dem sich die Bußgesinnung manifestiert. In Vers 3730 ff dagegen werden die Tränen in ihrer ganzen Schwere für sich selbst Gegenwart und umfassen den ganzen Körper als den Ort einer Gefallenheit, die sich im Schmerz löst.

haften entfernen. Ein Zeichen dafür, daß Chrétien zu solchen Ausnahmen fähig ist, wenn es erforderlich ist.

[31] In *Conte del Graal,* v. 1807 unterscheidet Chrétien ausdrücklich anläßlich der Schönheit von Blancheflor zwischen *cors de feme* und *face* als Träger weiblicher Schönheit, bezeichnenderweise beschreibt er aber im folgenden nur das Gesicht, während im übrigen nur die Kleidung Erwähnung findet.

[32] In *P R T desos,* in *L desoz.*

Im Sinne dieser strukturell bedingten Vorrangstellung des Dinglich-Fleischlichen ist es auch zu verstehen, wenn in Vers 3856 ff Orguelleus de la Lande eine Psychologie der Frau entwickelt, die, wie schon A. Hilka[33] und jetzt F. E. Guyer[34] betont haben, in der Nachfolge des Ovid der *Ars Amatoria* steht[35] und die man sonst in dieser Zuspitzung vergebens bei Chrétien suchen würde.

Fassen wir unsere Ergebnisse kurz zusammen:

Die Szene mit der *pucele soz un chesne* und die mit der *pucele cheitive* fügen sich in die Struktur des *Conte del Graal* ein, sind mit ihrer Dinghaftigkeit, die in Wortschatz und Darstellung zu Momenten führt, die bei oberflächlicher Betrachtung im *Conte del Graal* überraschen könnten, Ausdruck der geistigen Leere, die Perceval nach seinem Scheitern erfaßt, enthalten überdies Hinweise für Perceval, die ihn zur Einsicht in seine Schuld und die daraus sich ergebenden Konsequenzen führen müßten.

DRITTES KAPITEL

Von der Blutstropfenszene zur *pucele sor la mule*

Jeder Romanist wird mit Zögern an eine Analyse der Blutstropfenszene gehen, wenn damit der Zweck verbunden ist, ihre Authentizität im Rahmen des chrétienschen *Conte del Graal* zu überprüfen. Es kommt einem wie ein kleines Sakrileg vor, gilt doch die Blutstropfenszene als eines der gelungensten Stücke chrétienscher Dichtkunst; sie hat wie kaum eine andere Episode des Graalsromans bewundernde Kommentatoren gefunden.[1] Indes werden wir nicht an dieser unangenehmen Aufgabe vorbeikommen, wenn wir das Ziel erreichen wollen, das wir uns gesteckt haben, werden sogar doppelt wachsam sein müssen, da wir verständlicherweise unter einem Vorurteil stehen.[2]

[33] A.a.O. S. 701.

[34] F. E. Guyer, *Romance in the Making*, New York 1954, S. 223.

[35] *Ars Am.*, I, 664 ff.

[1] So R. R. Bezzola, *Le sens de l'aventure et de l'amour*, Paris 1947, S. 19 ff; M. de Riquer, „Perceval y las gotas de sangre en la nieve", *Revista de Filología Española*, t. XXXIX, 1955, S. 186–219; H. Kolb, „Die Blutstropfen-Episode bei Chrétien und Wolfram, *Beiträge zur Geschichte der deutschen Sprache und Literatur*, t. LXXIX, 1957, S. 363–379; E. Köhler, „Die drei Blutstropfen im Schnee", *GRM*, N. F., IX, 1959, S. 421 ff.

[2] Man wird vielleicht eine Besprechung von Vers 3899–4140 vermissen, doch entsprechen der Kampf mit Orguelleus de la Lande, seine Besiegung durch Perceval, sein Weg zum Hofe des König Artus und die Reaktion des Hofes so genau der Handlungsführung in der Clamadeuepisode (v. 2561–2909), daß wir glaubten, darauf verzichten zu können, hier ist gewiß Chrétien der Autor.

Die Situation ist gleich in den ersten Versen klar umrissen: der Hof ist im Aufbruch begriffen. Der König hat geschworen, Perceval um jeden Preis aufzusuchen, nachdem nun auch noch Orguelleus de la Lande Zeugnis für seine Trefflichkeit abgelegt hat. Und so macht sich der ganze Hof auf den Weg, es herrscht ein reges Treiben:

> Qui lors veïst dras anmaler
> Et covertors et oreilliers,
> Cofres anplir, trosser somiers
> Et chargier charretes et chars,
> Qu'il n'an mainnent mie a eschars,
> Tantes et paveillons et trez!

Man wird von den Versen sagen können, daß sie mit bewundernswerter Knappheit und Eindringlichkeit die Situation einfangen, einfach in den Linien, speziellen Wortschatz meidend, wenngleich der situationsbedingte Nominalstil zu seiner Verwendung reichlichen Anlaß geboten hätte. Die thematisch gegebene Dingfülle wird, im Gegensatz zu dem in den beiden besprochenen Szenen Beobachteten, weniger im Wortschatz selbst als im Klang, den er vermittelt, und in seiner Anordnung im Vers gestiftet. Durch parallelen oder chiastischen, in sich symmetrischen Versbau (v. 4145 f) und etymologische Klangfigur im Versinnern (v. 4147) versteht der Autor, die Vorstellung des Anhäufens und Packens zu suggerieren, so daß die Stofflichkeit der Dinge in den sie einenden und umgebenden Handlungsbezug absorbiert wird. In einem in wirkungsvoller Symmetrie gebauten abschließenden Vers tritt dann dieses Anhäufen und Packen in seine ihm zukommende Ordnung zurück: *tantes* und *trez* als durch Alliteration in ihrer Funktion gekennzeichnete Säulen des Verses tragen über die zur Mitte hin verstrebenden zwei *et* das *paveillons* und vermitteln so die Vorstellung der festgefügten Ordnung, die die Dinge hält.

Ein Unsagbarkeitstopos beschließt sodann die dichterische Evokation der Aufbruchstimmung:

> Uns clers sages et bien letrez
> Ne poïst escrire an un jor
> Tot le hernois ne tot l'ator
> Qui fu apareilliez tantost.

Ökonomie des Ausdrucks, Zügigkeit der Bewegung, rhetorisch gestiftete Eindringlichkeit zeichnen diesen Text aus, darüber hinaus eine gewisse Entdinglichung des Dinglichen, alles Charakteristika, die uns an Chrétien gemahnen.

Aber auch die spezifische Bewegung des Stils und die Struktur der Verse, wie wir sie oben angezeigt haben, lehren eindeutig, daß wir uns chrétienscher Stilkunst gegenüber befinden. Man vergleiche etwa *Conte del Graal*, v. 129 bis 135, Verse, in denen die blitzenden Helme der Ritter beschrieben werden, um hierfür die Bestätigung zu finden. Auch dort begegnet parallele Versstruktur (v. 131), alternieren durch *et* eingeleitete Verse mit anderen (v. 131 bis 134), auch dort fließt die Bewegung in eine Dreiergruppe ein, die im Vergleich zum Voraufgehenden umfassendere Begriffe bietet, das Dingliche auffängt, beruhigt:

Et vit les haubers fremianz
Et les hiaumes clers et luisanz
Et les lances et les escuz
Que onques mes n'avoit veüz,
Et vit le vert et le vermoil
Reluire contre le soloil
Et l'or et l'azur et l'arjant,

Darüber hinaus wäre noch zu vermerken, daß diese Dreiergruppe sogar in sich analog zu der von Vers 4149 gebaut ist. Zwei einander als Metalle entsprechende Begriffe *(or, arjant)* nehmen ein substanzmäßig Verschiedenes *(azur)* in die Mitte, tragen es über zwei sie mit ihm verstrebende *et.*

Es ist also kein Zweifel möglich; die Verse legen beredtes Zeugnis ab für die Stilkunst Chrétiens.

Das zeigt sich unter anderem auch in der Zügigkeit des Berichtes. Schon in Vers 4160 ist der Auszug bis zur ersten Übernachtung gediehen, und als man morgens aufwacht, bedeckt Schnee die Wiesen.[3]

Perceval, der in der Nähe ist, tritt auf diese verschneite Wiese hinaus:

Mes einz que il venist as tantes,
Voloit une rote de jantes,
Que la nois avoit asbloïes
Veües les a et oïes;
Qu'eles s'an aloient bruiant
Por un faucon qui vint traiant
Aprés eles de grant randon
Tant qu'il an trova a bandon
Une fors de rote sevree,
Si l'a si ferue et hurtee
Que contre terre l'abati.
Mes trop fu main, si s'an parti,
Qu'il ne s'i vost liier ne joindre.

Die Handlung ist zügig, der logisch gebaute Stil bietet keine Schwächen, auch ruht über dem Ganzen jener Schleier geheimnishafter Zweckenthobenheit, der das Geschehen in den Romanen Chrétiens, vor allem aber im *Conte del Graal,* auszeichnet. Man denke nur an die nie eine befriedigende Erklärung findende Prozession im Graalsschloß: die Türen gehen einfach auf, das Ge-

[3] M. Gsteiger (*Die Landschaftsschilderungen in den Romanen Chrestiens de Troyes,* Diss. Bern, Winterthur 1958, S. 122 f) möchte hierin eine „Seelenlandschaft" sehen, „das aufstrebende Leben ist vom eisigen Hauch des Winters übermannt". – Uns scheint die Deutung verfehlt. Der Schnee ist hier recht unwinterlich, ist Farbkontrast zum Rot des Blutes, der bald durch die Sonne (v. 4426 f.) aufgehoben wird. Es handelt sich zweifellos, wie Martín de Riquer es formuliert, um eine „intempestiva nevada", die notwendig war „desde el punto di vista poético" (a.a.O. S. 219).

heimnis nimmt für einen Augenblick die Gestalt eines vorbeigleitenden sinnlich Wahrnehmbaren an, und dann entschwindet es wieder, wie es gekommen, ohne daß der Zuschauer Gelegenheit erhielte, es in Ort und Zeit zu bannen.

So ist es auch hier bezeichnend, daß der Falke seinen Sieg nicht ausnützt, aus einem Scheingrunde, der keine echte Kausalität vermittelt, entflieht. Der Vorgang wird hierdurch abstrahiert von jeder kausativen und damit dinglichen Verbindung, er ist „gratuitus“, zweckentbunden abstrakt. Die Verwundung der Wildgans durch den Falken und die drei Tropfen im Schnee können nur so in sich ruhen, ausschließlich sein, was sie sind und Perceval in jene Ekstase schicken, die das Enthobensein von sich selbst in der Hingabe an das Insichruhende, in das absolut Symbolische bedeutet.[4] So ist bedeutsam, daß der Autor – und dieser ist unverkennbar identisch mit Chrétien – auch die Blutstropfen selbst von ihrem Grund löst, ihre Verknüpfung mit dem sie auslösenden, sie in die Erscheinung entlassenden Schmerz aufhebt:

La jante n'ot mal ne dolor,
Qui contre terre la tenist.
Tant que cil a tans i venist;
Ele s'an fu einçois volee.

Wie der Falke entflieht, ohne im geschlagenen Tier etwas anderes zurückzulassen als ein nacktes Tun, so auch die Wildgans, sie entläßt, losgelöst vom sie gebärenden Schmerz, drei Blutstropfen in die „sanblance“.

Perceval aber tritt in die ekstatische Betrachtung dieser „sanblance“:

Si s'apoia desor sa lance
Por esgarder cele sanblance;
Que li sans et la nois ansanble
La fresche color li resanble
Qui ert en la face s'amie,
Si panse tant que il s'oblie;

Die Blutstropfen im Schnee erinnern ihn an Blancheflor, an das Weiß und Rot in ihrem Gesicht. Man beachte aber, wie sehr diese Erinnerung ihren reflektiven Charakter abgelegt hat. Percevals Denken an Blancheflor ist nicht eigentlich Erinnern als ein objektives Vergegenwärtigen von Vergangenem, sondern es ist wesenhaftes Inneruhen in diesem über seine symbolische Gegenwart als „sanblance“, ist Ekstase als Heraustreten aus den Fesseln von Ort und Zeit:

Li ert avis, tant li pleisoit,
Qu'il veïst la color novele
De la face s'amie bele.

Martín de Riquer hat in seiner schon zitierten vorzüglichen Studie zur Blutstropfenszene mit Recht darauf hingewiesen, daß dieses Zusammenspiel von

[4] Hierzu die vorzüglichen Beobachtungen in R. R. Bezzola, *Le Sens de l'Aventure* ..., a.a.O. S. 19ff.

Rot und Weiß im Gesicht und auch die Verbindung mit der Vorstellung des Schnees in die klassische Literatur Roms verweist und auch in der provenzalischen Literatur weithin anzutreffen ist,[5] aber der Umstand, daß in der Blutstropfenszene ein verwundetes Tier die Blutstropfen hinterläßt und so der Vergleich erst ausgelöst wird, scheint mir doch nahezulegen, daß hier folkloristische Tradition wirksam wird, wahrscheinlich sogar spezifisch jenes in einer irischen Saga vor dem *Conte del Graal* zu belegende Motiv, auf das schon Heinrich Zimmer aufmerksam gemacht hat.[6]

Chrétien hält ganz offenbar an der inneren Struktur dieses Motivs fest, wenn er auch Akzente und ästhetische Formgebung wesentlich umgestaltet. Es geht in beiden Fällen um zwei Tiere, von denen eines sein Blut im Schnee verloren hat, während das andere auf dieses Blut erpicht ist, aber Chrétien läßt das zweite Tier fast unmotiviert wieder davonfliegen, weil er es nicht in seiner Vergleichssetzung verwenden kann. Er erreicht so die erwähnte Reduzierung des plastischen Bezugs von Schwarz (Rabe = Haare), Weiß (Schnee = Körper) und Rot (Blut = Wangen) auf eine nicht einmal mehr klar begrifflich getrennte Farbwirkung von Rot und Weiß zusammen als „la fresche color", die im Gesicht seiner Freundin war, als Zusammenspiel von Rot und Weiß.

Darüber hinaus ist wohl auch zu beachten, daß Chrétien schwarz schon aus Rücksicht gegenüber den Gesetzen höfischer Symbolik nicht verwerten konnte, hätte dieser Farbe doch nie die Bedeutung eines Positivums zukommen können, wohl aber den Farben weiß und rot.

Wie sehr Chrétien das vorgegebene Motiv höfisch integriert hat, zeigt ja auch die Wahl der Tiere: der Rabe wird durch den Falken, das Kalb durch eine Wildgans ersetzt, es treten also Tiere ein, die mit der Jagd zu tun haben, daher höfisch werthaft sind.[7]

Es ist nicht zu bezweifeln, daß wir uns hier dem höfischen Kosmos eines chrétienschen Romans gegenüber befinden, seiner geheimnisvollen, in den Dingen selbst angelegten Symbolik.

Aber noch ein Weiteres scheint mir dieses zu bestätigen, tritt doch im folgenden wieder jener Anflug von weise dosierter Parodie auf, der uns die Lektüre des chrétienschen *Conte del Graal* immer wieder zu einem Vergnügen werden läßt:

[5] „Perceval y las gotas de sangre...", a.a.O. S. 208 ff.

[6] *Keltische Studien*, II, Berlin 1884, S. 201 ff; dazu auch R. S. Loomis, *Arthurian Tradition and Chrétien de Troyes*, New York ²1952, S. 414 f.

[7] Vgl. Andreas Capellanus, *Tractatus de Amore*, éd. A. Pagès, Castelló de la Plana, 1930, S. 48 f (vgl. auch S. 112), wo Andreas Capellanus sich über die „höfische Beute" der Falken äußert; es sind dies *magni fasani* und *perdices*. – Man beachte auch die Nähe des Bildes zu *Yvain*, v. 882–885, eine Stelle, für die F. E. Guyer, *Romance in the Making*, a.a.O. S. 203 ff, auf Ovid, *Met.* I, 533–539, als Quelle verweist, W. Ziltener überdies auf eine Parallele in *Aen.*, XII, 748–755 aufmerksam macht (a.a.O. S. 87).

Percevaus sor les gotes muse,
Tote la matinee i use 4212
Tant que fors des tantes issirent
Escuiier, qui muser le virent,
Si cuidierent qu'il someillast.

Hier begegnet uns wieder der ganz seinem absoluten Ziel hingegebene Perceval, der naiv sich mit seinem Tun identifizierende, vielleicht auch der Ritter, der im Begriff ist, zurückzufinden zum Hof des Königs, den Chrétien mit Vorliebe als traumverloren, geistesabwesend darstellt.[8]

Man mag sich vielleicht fragen, warum diese zarte, an die weltfremde Abstraktion der stufenweise zur Graalsburg hinführenden Handlung des ersten Teils des *Conte del Graal* anknüpfende Szene, gerad an dieser Stelle eingesetzt wird. Sie kontrastiert unübersehbar stark mit den sie umgebenden, auf heftigen Akzenten aufbauenden Bildern der *puceles;* auch ist vielleicht nicht auf den ersten Blick einzusehen, welche Funktion der Erinnerung an Blancheflor an diesem Punkt zukommen könnte.

Wir glauben sagen zu können (wobei wir teilweise auf R. R. Bezzola aufbauen),[9] daß diese im Abstrakten, nicht ganz Realisierbaren schwingende Szene strukturell erforderlich war, um einen schon in der Rehabilitierung des Zeltfräuleins angebahnten Übergang zu schaffen von der unhöfischen Faktizität und Häßlichkeit der Erlebnisse, die ihm als Spiegel seiner selbst entgegengetreten sind, hin zur *joie de la cort,* wie sie in Vers 4541–4609 um sich greift. Perceval muß in diese Taufe der Vergeistigung und des *panser courtois*[10] gehoben werden, die ihm seine Erinnerung ermöglicht, bevor er stufenweise, über Verwandtes den Weg zum Hof findet.

So ist es sehr bedeutsam, daß sich ihm zunächst der ungestüme Sagremors nähert, von dem ausdrücklich vermerkt wird, daß man ihn *par son desroi* Desreez nennt,[11] sodann der mundgewaltige und wenig delikate Keu, der schon von weitem Perceval seine Mission zuschreit *(cil li crie mout de loing),*[12] und erst nachdem er an letzterem eine der Rehabilierung des Zeltfräuleins analoge Tat höfischer Gerechtigkeit vollzogen hat, ist er auf der Höhe Gauvains, kann er, zum Zeichen der Ebenbürtigkeit, von ihm *main a main* zum König geführt werden.[13]

[8] Vgl. etwa *Yvain,* v. 51 f, *Conte del Graal,* v. 924 ff.

[9] *Le Sens de l'Aventure . . .,* a.a.O.

[10] So Martín de Riquer, der weniger vom Strukturellen als von der Gesamtentwicklung Percevals herkommend, urteilt: „El joven semisalvaje del principio de la novela... es ahora un caballero capaz de sumirse en un *panser courtois*" („Perceval y las gotas...", a.a.O. S. 205). Wir empfinden dieses *panser* mehr als eine Katharsis.

[11] *Conte del Graal,* v. 4220 f.

[12] Ebda., v. 4294; H. Kolb dagegen sieht unberechtigterweise (wie E. Köhler, „Die drei Blutstropfen...", a.a.O., schon eingewendet hat) in Sogremors und Keu *reson* und *mesure* verkörpert (a.a.O. S. 367).

[13] *Conte del Graal,* v. 4545.

Warum wird aber, wenn dies sich so verhält, die sich an die Blutstropfenszene anschließende *joie de la cort* so jäh unterbrochen durch die Erscheinung der *dameisele sor la mule*, die, in sich selbst Prototyp der Häßlichkeit und damit des Antihöfischen, eine *escorgie* trägt, ein Instrument, das im *Yvain* ausdrücklich als Waffe des *vilain* qualifiziert wird?[14] Wenn von den ersten beiden *puceles* eine Gradation, eine Art Katharsis nötig war hin zum Hof, warum durfte dann diese Manifestation der Verworfenheit mitten in die höfische *joie* einbrechen, im Schutze der heiligen Zahl drei *(au tierz jor)*[15] und nachdem kurz zuvor zweimal der Begriff *joie* Verwendung findet?[16] Oder sollte gerade dieser jähe Einbruch seine besondere Bedeutung haben in der Entwicklung des *Conte del Graal*?

Das erste, was sich feststellen läßt, ist, daß Chrétien besondere Sorgfalt auf die Beschreibung dieser *dameisele* zu verwenden scheint. Während die *pucele soz un chesne* nur in ihrem Schmerz Gestaltung findet, die *pucele cheitive* in 21 Versen als gefallener Mensch fleischhafte Gegenwart gewinnt, entwirft Chrétien hier in 27 Versen[17] den Prototyp der Häßlichkeit. Als Farbeindruck dominiert dabei eindeutig „schwarz", und schon die ersten Verse geben klar zu erkennen, warum diese Farbe gewählt wird:

> Et se les paroles sont voires
> Teus con li livres les devise,
> Onques riens si leide a devise
> Ne fu neïs dedanz anfer:
> Einz ne veïstes si noir fer
> Come ele ot le col et les mains.

Es soll hier das dem Geist und der Schönheit, denen die weiße Farbe eignet (Blutstropfenszene, Blancheflor), entgegengesetzte Prinzip evoziert werden, der Ungeist sündhafter Schuld, der den Menschen den Geistern der Unterwelt und der Finsternis naherückt.[18] Es geht hier nicht mehr um den Schmerz, noch primär um Gefallenheit, wie in der *pucele cheitive,* sondern um das Böse, das

[14] *Yvain,* v. 4107 und 4110. [15] *Conte del Graal,* v. 4610.

[16] Ebda., v. 4603, 4608. – Der Einbruch ist, in sich gesehen, natürlich kein neues Element im chrétienschen Roman, wir finden ihn auch im *Erec* und *Yvain* (dazu E. Köhler, a.a.O. S. 191); auffallend ist jedoch der Nachdruck, mit dem Chrétien bei diesem Kontrast verweilt. Zu unserer Deutung siehe weiter unten.

[17] Hinsichtlich seiner Länge wird dieses Portrait bei Chrétien nur durch das von Blancheflor übertroffen, das 34 Verse einnimmt (*Conte del Graal,* v. 1795–1829).

[18] Diese Opposition von zwei sich ausschließenden Prinzipien, von hell und dunkel, Geist und Ungeist, Himmel und Hölle, die zweifellos eine gewisse Rolle im *Conte del Graal* spielt, wird von L. Olschki, „Il castello del Re Pescatore e i suoi misteri nel Conte del Graal di Chrétien de Troyes", *Atti dell'Accad. Nazion. Lincei,* CCCLVIII, 8ᵉ s., X, 1961, 101–159, erheblich überschätzt (vgl. P. Gallais, „Perceval et la Conversion de sa famille", *CCM,* IV, 1961, S. 475–480). Wir werden im zweiten Teil unserer Studie näher auf seine These eingehen.

Ungeistige als moralischen, existentiellen Aspekt jenes einen Phänomens *(ce fu li diaus)*, das Schmerz, Elend und Sünde umfaßt und das Chrétien in diesen drei Gestalten in seine Einzelaspekte ausgefaltet hat, dabei geschickt vom Akzidentiellen her dramatisch steigernd.

Die drei *puceles*, die *pucele soz un chesne*, die *pucele cheitive* und die *dameisele sor une mule* gehören also eng zusammen, sind geschickt gestufte Erkenntnis, die Perceval in drei Etappen vor die Augen tritt, wobei nicht von ungefähr nur das existentielle Böse Perceval bis in die *joie de la cort* zu folgen Gelegenheit hat. Diese Sündhaftigkeit ist eben der Aspekt des Phänomens, von dem die durchlaufene Katharsis der Höfischkeit Perceval nicht hat erlösen können. Die Höfischkeit vermag ihn kraft ihrer sittigenden Wirkung von den „zeitlichen Folgen" seines „Sündenfalls" zu absolvieren, kann ihn aus Elend, Verworfenheit und Schmerz kraft ritterlicher Tat und kraft liebenden Gedenkens befreien, aber sie vermag nicht jenen existentiellen Knoten zu lösen, der im Begriff Schuld eingefangen wird. Diese Schuld manifestiert sich daher mit Recht inmitten der *joie de la cort*, zeigt an, daß sie nicht durch diese aufgehoben werden konnte.

R. S. Loomis hat die *dameisele sor une mule* unter Hinweis darauf, daß sie im *Peredur* und im *Perlesvaus* mit der Trägerin des Graals identifiziert wird, als die „Sovranty of Erin" identifizieren wollen, die bald als gekröntes Mädchen, bald als häßliches Scheusal auftritt *(Eriu)*.[19] Der *Conte del Graal* gibt aber nicht den geringsten Anhaltspunkt für eine Identifizierung von *dameisele sor une mule* und Graalsträgerin, so daß wir eher den Eindruck gewinnen, daß in *Peredur* und *Perlesvaus* die Gegebenheiten des *Conte del Graal* unter Zuhilfenahme irischen Traditionsgutes umgedeutet worden sind. Auch ist zu bedenken, daß die Analogien zwischen der *dameisele sor une mule* und der als Hexe erscheinenden *Eriu* recht geringfügig sind, vor allem in der dramatischen Funktion überhaupt keine Entsprechung gegeben ist,[20] während dies beispielsweise bei der *Orguelleuse* im Gauvainteil, für die A. C. L. Brown mit Recht Analogie zu *Eriu* anmeldet,[21] durchaus der Fall ist, denn dort ist das Schema einer sich häßlich gebenden und unter der Liebe sich als hübsch entpuppenden Frauengestalt gegeben.

Ein Blick in den *Yvain* wird uns davon überzeugen, daß in der *dameisele sor une mule* keineswegs eine der Göttin *Eriu* analoge Gestalt auftritt, sondern, wie wir schon oben ausgeführt haben, eine Figur, die, in einer Linie mit den beiden anderen *puceles* stehend, unter Verwendung von Chrétien schon zur Verfügung stehenden Mitteln den Prototyp der Häßlichkeit entwirft. Die Beschreibung der *dameisele sor une mule* zeigt nämlich solch erhebliche Über-

[19] R. S. Loomis, *Arthurian Tradition and Chrétien de Troyes*, a.a.O. S. 415 ff.

[20] Einen knappen Überblick über die in Frage kommenden Erzählungen gibt Jean Marx, *La Légende Arthurienne et le Graal*, Paris 1952, S. 273, Anm. 2.

[21] A. C. L. Brown, *The Origin of the Grail Legend*, Cambridge, Massachusetts, 1943, S. 151 ff.

einstimmungen mit der des *vilain* in *Yvain* (v. 288–307),[22] daß gar nicht bezweifelt werden kann, daß die im *Conte del Graal* dem „häßlichen Mädchen" zugewiesenen Attribute gar nicht spezifisch zu dieser Gestalt gehören, sondern eingesetzt wurden als überpersonale, wahrscheinlich u. a. auf den Typus des Kyklopen zurückverweisende Attribute der Häßlichkeit. *Vilain* und *dameisele* sind dunkelhäutig, haben gelbe Zähne, eine Katzennase und sind buckelig, und es ist gewiß auch ein Relikt des *vilain,* wenn es von der *dameisele* heißt, sie habe *barbe come bos* (v. 4630). Da außerdem im *Yvain* auch das Motiv der über die schwarze Farbe symbolisch gekennzeichneten unglücksverheißenden *dameisele sor un palefroi noir bauçant*[23] sich als Vorform anbietet, dürfen wir sagen, daß die *dameisele sor une mule* in ihren ästhetischen Gegebenheiten aus Chrétien schon zur Verfügung stehenden und nicht mit der Göttin *Eriu* zu verbindenden Elementen aufgebaut erscheint und daher nur strukturelle, die Entwicklung des Romans betreffende Erwägungen Chrétien bewogen haben dürften, sie hier in dieser spezifischen Konstellation einzusetzen.

Wir können damit zu unserer schon entwickelten Deutung der Funktion dieser Gestalt zurückkehren und noch einmal betonen, daß hier über das Medium der Häßlichkeit und Dunkelheit die Schuld als ein Phänomen, das dem Höfischen zu trotzen vermag, Gestalt gewinnt. Diese dichterische Inkarnation der Schuld, die ihre Elemente nicht von ungefähr aus dem Bereich niederer Kreaturen schöpft – ihre Augen sind klein wie die von Ratten, ihre Nase die einer Katze oder eines Affen – ist Hinweis auf Percevals sündhaften Zustand, ist Mahnung an ihn, hält sie ihm doch ausdrücklich vor, welches Leid über die Erde kommen wird als Folge seines Schweigens auf der Graalsburg.[24]

Die Gestalt der *dameisele sor la mule* steht also in vollkommenem Einklang mit der Struktur des *Conte del Graal,* zeigt überdies, daß sie den Verfasser des *Yvain* zum Autor hat, so daß wir positiv sagen können: die Blutstropfenszene und die sich daran anschließende *joie de la cort* mitsamt der in sie einfallenden Unglücksbotin sind über jeden Zweifel erhaben Chrétiens Schöpfung.

Wird sich diese Feststellung aber auch auf das ausdehnen lassen, was die *dameisele sor la mule* nach ihrer Unglücksbotschaft an Perceval dem Hof verkündet? Diese hat nämlich, nachdem sie Perceval seine Schuld zu Bewußtsein gebracht hat, dem Hof noch Mitteilungen zu machen, darauf hinzuweisen, daß im *Chastel Orguelleus* fünfhundertsechsundsechzig Ritter mit ihren

[22] Wir sind durch Mario Roques, „Pour l'introduction du Roman de Perceval", *Romania,* LXXXI, 1960, S. 1–36, ebda., S. 12, Anm. auf diese Parallele aufmerksam geworden; sie ist bedeutend stärker als es der Vermerk von Mario Roques ahnen läßt. [23] *Yvain,* v. 2705 ff.

[24] Man beachte aber, daß hierbei die eigentliche Ursache für das Schweigen des Perceval (der verschuldete Tod seiner Mutter) nicht genannt wird, eine erneute Bestätigung dafür, daß die in Vers 3593–3595 gegebene Erklärung zu früh käme, wenn man sie als klare, Perceval einsichtige Mitteilung ansehen wollte.

Damen gefangen seien und man dort seine ritterlichen Qualitäten im Kampf erproben könne, daß, wer den *pris de tot le mon* erringen wolle, eine *dameisele* befreien müsse, die auf dem *pui qui est soz Montescleire* belagert werde, dann sei er würdig, das Schwert *as Estranges Ranges* sich umzugürten.

Man wird sich mit Recht fragen, welche Funktion diese Mitteilungen in der Struktur des *Conte del Graal* haben könnten und wie es zu verantworten ist, daß die *dameisele sor la mule,* die als Erscheinung alle Anzeichen der Unglücksbotin trägt, nunmehr so anregend und richtungsweisend für die Artusrunde wird und dies in einer Weise, die wir sonst nur als handlungsauslösend am Anfang eines Romans anzutreffen gewöhnt sind.

So schlug schon E. Hoepffner vor, in Vers 4650–4709 ein „morceau de raccordement" zu sehen zwischen Gauvain- und Percevalteil,[25] und Martín de Riquer, für den Vers 4688 ein Verbindungsvers ist zwischen zwei selbständigen Romanen Chrétiens, einem **Perceval* und einem **Gauvain,* glaubt, daß mit Vers 4689 ein neuer Roman, eben dieser **Gauvain* des Chrétien von Troyes beginne.[26]

Für den von E. Hoepffner angenommenen Einschnitt in Vers 4650 scheint mir nichts zu sprechen, befinden wir uns doch mit diesem Vers noch mitten in der Botschaft, die das Mädchen an Perceval richtet, und ist in dieser nicht der geringste thematische oder syntaktische Bruch zu verzeichnen, auch ist uns unklar, warum dieses Verbindungsstück mit dem Vers 4709 enden sollte, ist doch auch dort keine Handhabe gegeben für eine solche Annahme. Wenn daher der Gedanke an ein „morceau de raccordement" an sich sehr naheliegend war, so scheint mir doch der konkrete Vorschlag, den E. Hoepffner für dessen Grenzen macht, unannehmbar.

Die These von Martín de Riquer hat demgegenüber den Vorteil, auf einer genauen Beobachtung der textlichen Verhältnisse aufzubauen. Mit Vers 4683 ist die Rede der *dameisele* an Perceval zu Ende, worauf das Mädchen, sich an den König wendend, sagt:

«Rois, je m'an vois, ne vos enuit;
Qu'il me covient ancore anuit
Mon ostel prandre loing de ci...»

Die *dameisele* verabschiedet sich also, wie Martín de Riquer richtig beobachtet hat, ausdrücklich, macht dann aber im folgenden dem Hof noch wichtige Mitteilungen, die über 26 Verse laufen.

Ist das für Chrétien überraschend? Finden wir nicht in Vers 3654 etwas Ähnliches? Dort hat die *pucele soz un chesne* Perceval den Weg gewiesen, den er gehen muß, um ihren toten Freund zu rächen, und dann wendet sich das Mädchen ganz unvermittelt einem Gegenstand zu, den es sieht und der ihm Gelegenheit gibt, das Gespräch auf das Thema „Graalsburg" zu bringen *(Mes ou fu cele espee prise Qui vos pant au senestre flanc).* Indes wird man einräumen müssen, daß hier wenigstens ein *mes* den Gegensatz unterstreicht und

[25] *Romania,* LVII, 1931, S. 583. [26] „Perceval y Gauvain ..., a.a.O.

Vers 3649–3653 eine Art Pufferstellung zwischen den beiden Themen einnehmen, indem sie die Aufforderung der *pucele* höflich wieder zurücknehmen und damit anderem den Weg bereiten.

Der plötzliche Einsatz mit einem Neuen, wie er in Vers 4688 geschieht, scheint mir also in der Tat ein überraschendes Moment zu enthalten, ein Eindruck, der sich zu einem begründeten Verdacht ausweiten muß, wenn Martín de Riquer darauf aufmerksam machen kann, daß Vers 4688 mit dem Vorvers nur durch ungenügenden Reim verbunden ist (*oï* reimt mit *ci*).

Ist nicht aber vor allem das, was die *dameisele* dem Hof noch zu sagen hat, im höchsten Maße angetan, den Verdacht zu verstärken, daß hier etwas ganz anderes beginnt, als wir im *Conte del Graal* erleben?

Schon der Name *Chastel Orguelleus* überrascht und befremdet, stellt er doch einen Ort vor, der durch Beigabe einer begrifflichen Substanz in den Rang allegorischer Bedeutung erhoben wird, eine Erscheinung, für die in der Symbolwelt des *Perceval* keine Entsprechung zu finden wäre, ja die der inneren Gesetzmäßigkeit seines Kosmos zu widersprechen scheint. So hatte beispielsweise die Graalsburg überhaupt keinen Namen, bevor Perceval sie fand, und noch in den Aufklärungen seiner Base ist sie nicht mehr als das Haus des *riche roi Pescheor* (v. 3505). Auch *Belrepeire* ist nicht vergleichbar als Name, ruht es doch, sich selbst genügend, kein reflexives Sagen enthaltend, in sich, durch keine begriffliche Substanz belastet.

Die Beobachtung ist gewiß nicht zufällig, denn schon in Vers 4723 begegnen wir einer zweiten allegorisierenden Ortsbezeichnung, in *Mont Dolereus*, und ist es nicht auch höchst aufschlußreich, wenn in Vers 4712 das Schwert, das Perceval wegen seiner *ranges* so eigenartig berührt hatte *(ert estranges)*[27] zur Begrifflichkeit erstarrt als Lohn der „aventure“ winkt? Die Großschreibung täuscht nicht, die *Espee as Estranges Ranges* zeugt von einem Prozeß, der die Annahme nahezulegen scheint, daß wir uns am Anfang jener im Vergleich zu Chrétien sekundären Graalsliteratur befinden, in der das, was bei Chrétien in seiner natürlichen Gegebenheit als Gegenständliches nur scheinbar zufällig und für den Helden selbst überraschend eine höhere Dimension und Bedeutung gewinnt, von vornherein als ein Gegenstand eingeführt wird, der schon als Begriff Auserwählung bedeutet und Ziel der *Queste* wird. Gewiß könnte man auch die Auffassung vertreten, daß sich in der beobachteten leichten Allegorisierung eine neue Dimension im *Conte del Graal* anzeige,[28] eine Dimension, die schon dem in der Eremitenszene zum Zuge kommenden Theologischen präludiere. Um so überraschender ist es aber dann, wenn diese Dimension nach der sogenannten Überleitung schlagartig wieder zurücktritt.

Auch scheint uns bedeutsam, daß in Vers 4688–4714 durch die *dameisele*

[27] *Conte del Graal*, v. 3159.

[28] Auch wäre einzuwenden, daß die *gaste forest*, die zunächst als unmittelbare Wirklichkeit eingeführt wird, in Vers 2959 ebenfalls eine Transposition ins rein Begriffliche erfährt. Man könnte dies zusammen mit dem oben Erwähnten als schrittweise Mythisierung eines zunächst episodisch Deutbaren werten.

nicht *eine* Handlung motiviert wird, sondern zwei, und daß in Vers 4715 bis 4746 gar drei Handlungen angerissen werden, drei *Questes,* von denen eine dem *Chastel Orgelleus,* eine dem *Mont Dolereus* und eine dem *graal* und der blutenden Lanze gilt. Hier tritt also das Phänomen auf, das wir auch am Ende der *Estoire dou Graal* des Robert de Boron antreffen,[29] auf dem die „Branchenstruktur" des *Perlesvaus* und die Einheit des *Lancelot en prose*[30] beruhen, auf das sich im Grunde auch die Fortsetzungen zurückführen lassen, so daß die Vermutung naheliegt, mit dem Vers 4688 beginne die Arbeit der Fortsetzer, in diesem spezifischen Falle die eines Fortsetzers, der sich die Berechtigung verschaffen möchte, mit seinen Gauvainabenteuern den von Chrétien unvollendet gelassenen *Conte del Graal* fortzusetzen und der so den Präzedenzfall schuf für jene sich endlos hinziehenden „continuations", die oft nur noch auf episodischer Basis zur Graalsthematik zurückkehren.

Eine Untersuchung des Gauvainteils soll diese Vermutung im folgenden erhärten oder zerstreuen.

VIERTES KAPITEL

Der * *Gauvain* und die Einheit des *Conte del Graal*

Mit Vers 4747 befinden wir uns endgültig und unbestreitbar in einem Geschehen, das entgegen der Percevalhandlung des *Conte del Graal* (v. 69 bis 4687) Gauvain als alleinigen Helden vorstellt, ja in der Perceval überhaupt keine Erwähnung mehr findet. Man mag bezüglich Vers 4688–4746 noch geteilter Meinung sein, die Verse für ein „morceau de raccordement" halten oder der Auffassung sein, daß in Vers 4727–4740, Versen, in denen Perceval noch einmal erwähnt wird, ein Einschub in den Anfang einer selbständigen Romanschöpfung **Gauvain* vorliege, man mag auch, wie Jean Frappier vorschlägt, diese Szene als von Chrétien gestiftet, die Einheit des *Conte del Graal* in Perceval- und Gauvainabenteuern sicherstellend ansehen, vom Vers 4747 an ist kein Zweifel mehr möglich an der Tatsache, daß wir uns in einer neuen Handlung befinden, deren Träger Gauvain ist und nicht Perceval.[1] Zugleich mit dieser neuen Handlung tut sich uns eine ganz andere Welt auf, eine Welt mit Familien, mit Sippen, mit Nachbarschaften, Bürgern und Bürgerräten, und in diese Welt hineingestellt finden wir den Artusritter Gauvain.

[29] Ed. W. A. Nitze, *CFMA,* 57, 1927, v. 3461 ff.

[30] Hierzu die vorzügliche Synthese von J. Frappier, *Etude sur la Mort le Roi Artu,* Publ. rom. et. frç., LXX, 1961.

[1] Die Tatsache der Eremitenszene ändert daran nichts, denn diese ist, von der die Handlung tragenden Person her gesehen, ohne jede episodische Verknüpfung mit der Gauvainhandlung.

Hat Martín de Riquer recht, diese Gauvainabenteuer als einen eigenen Roman anzusehen, der Chrétien zum Autor hat? Hat er recht, wenn er diesen Roman als dem *Perceval* durchaus ebenbürtig betrachtet[2] und dies gegenüber E. Hoepffner betont, der, ohne den Gauvainteil Chrétien abzusprechen, diesen folgendermaßen charakterisiert: „... D'autre part, un *Gauvain,* composé d'épisodes longuement racontés, chargés de détails oiseux; des aventures galantes surtout, s'emboîtant les unes dans les autres sans qu'apparaisse aucune idée centrale qui les relie." [3]

Jean Frappier seinerseits betont, daß der Gauvainroman „dans la manière la plus brillante et la plus reconnaissable de Chrétien" geschrieben sei.[4]

Wir werden daher in unserer Analyse des **Gauvain* Handlungsverlauf, Stil und Gesamtklima des Romans gleicherweise berücksichtigen müssen.

Einen ersten Ansatz zu einer Sichtung des Geschehens im **Gauvain* nach kompositorischen Maßstäben liefert uns Stanton de V. Hoffman.[5] Er weist mit Recht darauf hin, daß die Gauvainabenteuer, wenn sie als ein echter Bestandteil des *Conte del Graal* gelten sollen, einer Analyse vom ästhetischen Gesichtspunkt aus standhalten müssen. Wie Stanton de V. Hoffman die Percevalhandlung in drei „sections" einteilt, von denen jede aus „advice", „quest" und „restoration" besteht,[6] so möchte er die Gauvainhandlung in vier „approximate sections" einteilen, die insgesamt eine Art „analogue" ergeben, „a doubling which repeats and amplifies the first plot". Die Lösung bewegt sich also in der von Alexandre Micha („opposition")[7] und Jean Frappier („contrepoint")[8] eingeschlagenen Richtung.

Ist die von Stanton de V. Hoffman vorgeschlagene Lösung denkbar, können die Gauvainabenteuer als eine Art „doubling" zum Percevalteil angesehen werden?

Man wird sich fragen, ob es überhaupt möglich ist, im Gauvainteil von „quest" zu sprechen. Nach der Lektüre von Vers 4688–4746 sollte man eine

[2] „Perceval y Gauvain...", a.a.O.

[3] Rez. G. Cohen, a.a.O.; nicht unähnlich ist das Urteil von A. Pauphilet (*Legs du moyen âge,* Melun 1950, S. 202): „Ce sont des épisodes arbitrairement juxtaposés, sans vrai lien narratif entre eux..." [4] *Chrétien de Troyes,* a.a.O. S. 173, Anm.

[5] Stanton de V. Hoffman, „The Structure of the *Conte del Graal*", *The Romanic Review,* LII, 1961, S. 81–98.

[6] Es geht aber nicht an, wenn Stanton de V. Hoffman in „section III" die „Restoration of the Grail Castle" dem „Hermit's advice" zuordnet (ebda., S. 89); er wird hier ein Opfer der Systematisierung. Wenn man von „sections" sprechen wollte, müßte die zweite die Graalsburg mit einschließen, die dritte mit den Ratschlägen des Einsiedlers beginnen, wie der Verfasser des obengenannten Artikels selbst andeutet (S. 88), ohne die nötigen Konsequenzen für sein Schema zu ziehen.

[7] „Le Perceval de Chrétien de Troyes", a.a.O. S. 127. So auch Jean Marx: „...le cœur même du récit est constitué par l'opposition des deux héros..." (La Quête manquée..., a.a.O. S. 429).

[8] *Chrétien de Troyes,* Conn. des Lettres, 50, Paris 1957, S. 183.

solche erwarten, denn hier ist alles in feierlicher Aufbruchstimmung, aber mit Vers 4747 wird plötzlich ein ganz anderes Motiv für die Handlung des Gauvainteiles eingeführt, ein Motiv, das nach der allgemeinen Resolution, eine „quest" nach dem *Chastel Orguelleus* zu unternehmen, überflüssig ist, ja diese irgendwie ablöst und verdrängt. Als alles in Aufbruchstimmung ist, tritt nämlich Guigambresil in den Saal ein, wo die Artusritter einschließlich Gauvain und Perceval versammelt sind. Guigambresil grüßt den König, „wie es sich gebührt", Gauvain aber nicht,[9] vielmehr wirft er diesem vor, den Herrn des Guigambresil getötet und sich dadurch eines Verrates *(traïson)* schuldig gemacht zu haben, und fordert ihn auf, sich innerhalb vierzehn Tagen am Hof des Königs von Escarlon zur Rechtsprechung einzufinden. Gauvain nimmt diese Herausforderung an.

Wo bleibt hier das Motiv der „quest" nach dem *Chastel Orguelleus*? Warum wird es verdrängt durch ein absolut horizontales, die Verteidigung und nicht die „aventure" anzielendes Moment, durch eine die Phantasie nicht weiter beschäftigende kalte Terminsetzung, die dem ganzen Gauvainteil seinen Zusammenhalt geben soll und mit dem Vers 9234 immer noch nicht erfüllt ist?

U. E. wird hier deutlich, daß mit dem Vers 4747 etwas Neues beginnt, nämlich der eigentliche **Gauvain*, während in der bis dahin reichenden Überleitung ein Fortsetzer vergebens versucht, diesen **Gauvain* in eine konstruierte Parallelität mit dem Perceval zu bringen. Was Gauvain unternimmt, ist alles andere als eine „Queste". Seine Taten sind nicht auf das *Chastel Orguelleus* bezogen, dem wir erst in der „ersten Fortsetzung" begegnen werden,[10] sie lassen nichts davon erkennen, daß er sich auch nur einmal Gedanken mache, wie er seinem Versprechen, dem Mädchen von *Montescleire* zu Hilfe zu kommen,[11] gerecht werden könne. Es geht ihm ausschließlich um die Verteidigung gegenüber einer gegen ihn erhobenen Anklage, und diese Selbstverteidigung wird ihn nur ganz „zufällig" in Abenteuer hineinführen, von denen keines auch nur im entferntesten mit dem Graal, der Lanze oder auch mit dem Mädchen von *Montescleire* im Zusammenhang steht.

Wir legen Wert darauf zu betonen, daß hiermit noch nichts über die Qualität des **Gauvain* gesagt ist, noch über seinen Verfasser, wohl aber über seine Stellung im *Conte del Graal*, genauer gesagt, über sein Verhältnis zur „Überleitung". Nehmen wir diese als echt an, so wird man sagen müssen, daß die Gauvainhandlung als ganze nicht die geringste Verbindung zu den in ihr

[9] Perceval, der wenige Verse zuvor noch das Geschehen beherrschte, findet keine Erwähnung.

[10] Ed. Ch. Potvin, *Perceval le Gallois ou le Conte del Graal*, t. III, S. 314. Interessant zu vermerken, daß dabei getreu der „Überleitung" *Girflez li filz Do* Erwähnung findet, und zwar heißt es von ihm, er werde dort gefangen gehalten (ebda., S. 311 ff, v. 18461 ff), vgl. éd. W. Roach, Bd. I, 1949, S. 245 (v. 9012 ff), Bd. II, 1950, S. 464 f (v. 15474 ff), Bd. III, 1, 1952, S. 360 (v. 5524 ff).

[11] Vgl. *Conte del Graal*, v. 4719 f.

beschlossenen „Questes" hat. Vom Handlungsdetail her gesehen mag man, wie Stanton de V. Hoffman es versucht, auch im *Gauvain von „quest" und „restoration" sprechen, so in der Episode mit der „Pucele as Mances Petites" oder in der mit der „Male Pucele", aber es kommt diesen Momenten eben nur episodische Bedeutung zu, sie sind in einen linearen, horizontalen Rahmen eingespannt, der nichts von jener Spannung zu einem Ziel verrät, wie sie in der Überleitung zum **Gauvain* angekündigt wird und im *Conte del Graal* in hohem Maße vorhanden ist.

Im ganzen Gauvainteil ist nur ein einziges Mal von Lanze oder Graal die Rede,[12] und das bezeichnenderweise unmittelbar vor dem Einschub der Eremitenszene, von der wir vermutet haben, daß sie durch einen Kopisten oder Fortsetzer eingeleitet wird. Gauvain ist in der „commune" auf Guigambresil gestoßen, steht aber unter dem Schutz des Gastrechtes, so daß die „bataille" zwischen den beiden doch nicht sofort stattfinden kann. Ein weiser „vavasor" macht nun den Vorschlag, man solle Gauvain ein Jahr Frist geben, bis dahin müsse er dem Guigambresil „la lance don li fers saingne toz jorz" (v. 6113f) bringen. Gauvain akzeptiert erst, als die Formulierung des Schwures, den er über einem „mout precïeus saintueire" (v. 6194) zu leisten hat, gemildert wird, er verspricht nur, „que il metra tote sa painne | A querre la lance qui sainne" (v. 6197f).[13] Dann setzt nach einer kurzen Bemerkung, daß hier die Geschichte nicht mehr von Gauvain, sondern von Perceval handeln wird, die Eremitenszene ein. Wenn man aber meint, daß Gauvain nach der Eremitenszene nun die versprochene Queste nach der „lance qui sainne" aufnimmt, so wird man enttäuscht, nirgends wird das Lanzenmotiv auch nur wieder erwähnt.[14]

12 St. Hofer, „Bemerkungen zum *Perceval*", *RF*, LXVII, 1956, S. 36–54, ebda., S. 50, möchte auch in der Tatsache, daß für dieses Lanzenmotiv auf eine geschriebene Quelle verwiesen wird, einen Hinweis darauf sehen, daß hier spätere Redaktion vorliegt. – W. A. Nitze, „The Guinganbresil Episode in Chrétien's *Perceval*", *Romania*, LXXI, 1951, S. 373–380, ebda., S. 379, macht mit Recht darauf aufmerksam, daß im *Peredur* und bei Wolfram dieses Motiv weggelassen wurde. W. A. Nitze möchte seine Einführung „bei Chrétien" damit erklären, daß Chrétien, analog zu *Yvain*, v. 5991–6313, ein Zusammentreffen von Gauvain und Perceval „in mortal combat" habe vorbereiten wollen. Uns scheint jedoch nichts auf solch eine Entwicklung hinzuweisen. Es gilt hier wohl vielmehr der gleiche Grund, den W. A. Nitze angibt für den Umstand, daß Wolfram Cundrîe die Arthusritter direkt zum „Marvellous Castle" aufrufen läßt, „Wolfram makes Chrétien's narrative logical", wobei wir jedoch zu bedenken geben möchten, daß diese Korrektur nur nötig wurde, weil nicht mehr chrétiensche Kunst vorlag.

13 J. Marx betont mit Recht, daß Gauvain einen wenn auch bedingten Eid leistet (*Nouvelles recherches*..., a.a.O. S. 209).

14 Wenn W. Roach von der „rédaction courte de la première Continuation" sagen kann, daß sie überhaupt keine „continuation" des *Conte del Graal* sei („Les Continuations du Conte del Graal", *Les Romans du Graal*, 1956, S. 107–117, ebda., S. 115), so gilt das im gleichen Maße schon vom Gauvainteil des *Conte del Graal*.

Es scheint uns daher sicher, daß an dieser einzigen Stelle des Gauvainteiles, wo die Lanze Erwähnung findet (v. 6108–6198), der Fortsetzer eine Art Einstimmung in die Eremitenszene gibt, damit der Bruch zwischen **Gauvain* und eingeschobenem Percevalteil nicht zu empfindlich spürbar werde. Warum aber bringt der Fortsetzer die Eremitenszene gerade an diesem Punkt des **Gauvain*?

Nun, wir glauben, daß hier ein günstiger Augenblick dafür gegeben war, insofern das Aufeinandertreffen von Guigambresil und Gauvain ohnehin die Vereinbarung eines neuen Termins verlangte, dadurch erstens eine Art Handlungsstillstand erreicht war, sich zweitens die Möglichkeit ergab, das Lanzenmotiv als Einstimmung in die Eremitenszene einzufügen, in dem Leser die Illusion entstehen zu lassen, er befinde sich im **Gauvain* in einem der Graalssuche analogen Geschehen.

Wenn aber der Fortsetzer relativ geschickt zu verfahren scheint, indem er das Motiv vor dem Einschub der Eremitenszene einsetzt, so bleibt doch auf der anderen Seite dieser Versuch, eine Einheit von Gauvain- und Percevalhandlung zu konstruieren, recht wenig überzeugend, insofern durch das völlige Verschwinden des Lanzenmotivs nach dieser einen Erwähnung dem Leser klar wird, daß dieses Motiv nur funktionale Bedeutung hatte.[15]

Stanton de V. Hoffmans These vom Gauvainteil als einem „doubling“ zur Percevalhandlung scheint uns also nicht akzeptabel.

Anders ist indessen die Lage, wenn man mit Jean Frappier und Alexandre Micha eine gewollte Gegensätzlichkeit zwischen Gauvain und Percevalteil sieht, diese mit E. Köhler als „formalen Ausdruck der wachsenden Disjunktion von Ich und Welt, von individueller und gesellschaftlicher Ordnung betrachtet (a.a.O. S. 240), im Zusammenhang einer solchen These ist es ja nicht erforderlich, daß der **Gauvain* „Queste“-Charakter hat, im Gegenteil, die Kontrastwirkung würde ja gerade darin beruhen können, daß dem vertikal gerichteten, unfertigen, aber absolut offenen Perceval ein „horizontaler“, perfekter, aber damit auch fertiger und abgeschlossener Mensch in Gauvain gegenübergestellt wird. Indes wird man schon jetzt festhalten können, daß die „Überleitung“ Anspruch auf mehr als Kontrastwirkung für den Gauvainteil erhebt, insofern sie zu einer der Graalssuche analogen Befreiungstat aufruft,[16] zu der sich Gauvain spontan bereit erklärt, die er jedoch im folgenden

Mit dem Vers 4688 des *Conte del Graal* beginnt der Stil jener *Continuations,* die im Grunde selbständige Romane darstellen.

[15] E. Köhlers Erklärung „Das weltliche, seine Aufgabe verfehlende und darum schuldig werdende Rittertum erhält in seinem typischen Repräsentanten Gauvain den Auftrag, die blutende Lanze, die den Untergang seiner Welt herbeischaffen wird, heranzuschaffen“ (*Ideal und Wirklichkeit,* a.a.O. S. 211), überzeugt uns nicht, denn bei Annahme dieser Beziehung entging Gauvain im folgenden durch seine Verfehlung (Nichtsuchen der Lanze) dem Untergang.

[16] Uns scheint es nicht zutreffend, wenn Jean Frappier aus dem *tot el* des Vers 4727 einen Gegensatz zwischen der Graalssuche Percevals und den übrigen Abenteuern

völlig vergißt. Hier wird sich also legitimerweise schon ein erstes Bedenken anmelden gegenüber der Deutung des Gauvainteils als Gegenpol zum *Perceval*, ein Bedenken, das jedoch möglicherweise auf die „Überleitung" zurückfallen könnte. Ist nämlich diese nicht authentisch, so fällt *eo ipso* das Bedenken gegen die These. Widmen wir uns daher nunmehr dem Gauvainteil selbst.

Werfen wir zunächst einen Blick auf die Handlungsführung. Wir werden dabei bestrebt sein müssen, den Dichter-Stoff-Bezug nicht im überpersönlich Methodischen anzugehen,[17] sondern als Je-Zustandekommen des Werkes. Wir wollen uns daher fragen, wie beim Gauvainautor die Handlung über den Stoff, aus dem sie sich aufbaut, zur ästhetischen Wirklichkeit wird und ob diese Weise mit der bei Chrétien zu beobachtenden übereinstimmt.

Es liegt nahe, sich zuerst zu fragen, wie beim Gauvainautor die Handlung als Trägerin des ästhetischen Interesses ausgelöst wird.

Auf den ersten Blick scheint hier perfekte Übereinstimmung mit Chrétien de Troyes vorzuliegen, jedoch nur dann, wenn wir beim Typischen stehen bleiben. Guigambresil fordert Gauvain auf, sich innerhalb vierzig Tagen am Hofe des Königs von Escavalon zur Rechtsprechung zu stellen. Jetzt ist der Weg frei für eine Zwischenhandlung, die mit dem Auszug Gauvains einsetzt. Man wird geneigt sein, mit W. Kellermann auf „Erec und Enide" zu verweisen und von „Schachtelung" zu sprechen.[18] Aber hier sind doch wesentliche Unterschiede zu verzeichnen, an denen man vorbeigeht, wenn man mit Stilkategorien arbeitet, die notwendigerweise auf ein Allgemeines (exakter wäre „ein vielen Gemeines") ausgehen, also gar nicht das Je-Besondere des Autors erfassen.

ersehen möchte. Man beachte auch, daß der *Prosadruck 1530* folgendermaßen lautet: *Et Perceval autant en dit et certifie que jamais*... (A. Hilka, a.a.O S. 564). Wir neigen daher zu einem „à son tour", in dem durchaus ein leichter Gegensatz mitschwingen möchte, jedoch die Vorstellung der Parallelität der Erscheinung überwiegt. – Im übrigen würde selbst die Annahme eines gegensätzlichen *tot el*, an die wir nicht glauben, an dem oben Gesagten nichts ändern.

17 Aus diesem Grunde meiden wir von W. Kellermann zugrundegelegte Termini wie „Einschachtelungstechnik" u. a m.

18 W. Kellermann, ebda., S. 10. Helmut Hatzfeld („Deuten Stilelemente in Chrétiens „Perceval" auf eine strukturelle Einheit?", *Medium Aevum Romanicum*, Festschrift für Hans Rheinfelder, 1963, S. 140–160), spricht von „Handlungssprengung", die für ihn im Rahmen seiner Beobachtungen zur „symmetrischen Parallelantithese" stehen (ebda., S. 142). Ist es nicht aber bedeutsam, wenn H. Hatzfelds überzeugende Beispiele für Handlungssprengung ausschließlich dem Gauvainteil entstammen? Sie können daher keineswegs als Beweise für die strukturelle Einheit des *Conte del Graal* gewertet werden. Auch ist der Boden, auf dem H. Hatzfeld aufbaut (David C. Fowlers Antithese zwischen *prouesse* und *charité*, die E. Köhler (a.a.O.) zu Recht wegen mangelnder philologischer Fundierung zurückgewiesen hat) recht ungünstig gewählt. Wir werden weiter unten ausführlicher auf die These von H. Hatzfeld eingehen.

Wie wird in „Erec und Enide", wie im *Gauvain der dieser „Schachtelung" zugrundeliegende Stoff in die ästhetische Wirksamkeit gehoben?

Guigambresil erscheint, macht seine Mitteilung und entschwindet aus dem Blickfeld des Lesers. König Artus im *Erec* kündet eine Jagd an, stellt dem Sieger in Aussicht, das schönste Mädchen des Hofes küssen zu dürfen. Dann beginnt die Jagd, die Artus gewinnt.

Der Unterschied im Stoffbezug im einen und anderen Fall ist eklatant; im **Gauvain* erschöpft er sich im rein Funktionalen, was sich auch sehr stark in der Tatsache niederschlägt, daß hier eine Zahl als Begrenzung eines gesteckten Handlungsrahmens gewählt wird, bei Chrétien dagegen ein Geschehen, das geeignet ist, der antizipierenden Vorstellung Nahrung zu geben.[19] Der Stoffbezug Chrétiens ist eben ein absolut ästhetischer, so daß die Rahmenhandlung bei ihm zum Träger eines geschlossen in sich ruhenden Ringes wird.

Wir werden ähnliche Beobachtungen machen, wenn wir von der Auslösung der einleitenden Handlung zu der der „eingeschachtelten" übergehen. Gauvain zieht aus, es begegnet ihm ein Knappe des *Traez d'Anet*, durch den er von dem bevorstehenden Turnier erfährt. Dieser Knappe vermittelt also die „eingeschachtelte" Handlung. Bezeichnenderweise tritt er aber, nachdem er dies getan, vom Plan ab, er hat keinen ästhetischen Eigenstand, erschöpft sich im Funktionalen.

Man vergleiche dagegen, wie wirkungsvoll im *Erec* die Nebenhandlung durch die Beleidigung eines Zwergs ausgelöst wird, der neben seiner symbolischen Bedeutung über eine vorzügliche Kontrastwirkung zum Höfischen verfügt.

Rein funktional ist das schon erwähnte Lanzenmotiv, das seine einzige Berechtigung darin hat, den Aufschub zu „motivieren", um unmittelbar nach dem Zustandekommen desselben wieder zurückzutreten.

Sehr aufschlußreich ist in diesem Zusammenhang auch die mißlungene Jagd auf die Hirschkuh (v. 5653–5702).

Es wird in perfekter Übereinstimmung mit chrétienschen Gewohnheiten zu ihr übergeleitet:

Aloit chevauchant son chemin
Tant que il vit an trespassant
Bestes qui aloient peissant
Lez l'oroille d'une forest.

Gauvain läßt sich, als er die Hirschkühe erblickt, von Yvonet Pferd und Lanze geben[20] und jagt den Tieren nach. Kurz bevor er die schon verwundete

[19] Man möchte unter Verweis auf den *Yvain* einwenden, daß auch bei Chrétien ausgesprochene Termine zu finden sind. Man bedenke jedoch, daß der Termin, der in Vers 2574 des *Yvain* gesetzt wird, schon mit dem Vers 2701 zu dem geführt hat, was ihn vom Roman her gesehen einzig legitimisierte, zur Schuld. Zwei weitere Termine im *Yvain* (v. 3691, 4803) werden überhaupt nicht handlungstragend.

[20] Zu den syntaktischen Verhältnissen dieses Passus siehe weiter unten. – W. S. Woods, „The Plot Structure in Four Romances of Chrétien de Troyes, *Studies in Philology*,

Hirschkuh erreicht hat, verliert sein Pferd einen Huf. Das Pferd hinkt stark, und Yvonet gibt Gauvain zu bedenken, daß man einen Schmied aufsuchen müsse, um das Pferd neu beschlagen zu lassen (v. 5699–5702).

Unmittelbar darauf schließt sich eine zweite Überleitung an:

> Puis errerent tant que il virent
> Janz qui fors d'un chastel issirent,
> Et vindrent tote une chauciee.

Man sollte erwarten, daß sich jetzt die Möglichkeit bieten werde, nach einem Schmied zu fragen, jedoch wird diese Erwartung enttäuscht, es wird im **Gauvain* nie wieder die Rede davon sein, daß Gauvains Pferd einen Huf verloren hat und es neu beschlagen werden müsse.

Warum wird aber dann diese Szene überhaupt eingesetzt? Man wird nicht sagen können, daß sie rein funktional sei wie etwa das Lanzenmotiv oder die Erscheinung des Knappen von *Traez d'Anet*, die eine echte Funktion ausüben, sich allerdings in ihr erschöpfen. Sollte vielleicht die Hirschkuhjagd analog stehen zu jenen Begegnungen, die im *Conte del Graal* in den episodischen Grund vermitteln? Sollte ihr eine ähnliche Funktion zukommen wie etwa der Gestalt des einen Esel vor sich herführenden Köhlers oder der Anblick der „deus homes an la nef" vor dem Besuch der Graalsburg? Dagegen wäre einzuwenden, daß diese vermittelnden Begegnungen stets in zweifacher Hinsicht in den episodischen Grund einweisen, einmal als Symbol, sodann als konkreter Hinweis, man im Falle der Hirschkuhjagd aber einen ganz selbständigen Handlungsbezug vor sich hat, der nach Fortsetzung verlangt. Wenn daher die Möglichkeit durchaus besteht, die mißlungene Hirschkuhjagd als symbolischen Hinweis auf das bevorstehende erotische Abenteuer zu interpretieren, so bleibt doch im Leser ein Unbehagen wegen des verlorenen Hufs, der mit dem Erscheinen der Jagdgesellschaft plötzlich vergessen ist, ein Unbehagen, das schon entstehen mochte, wenn Gauvain feierlich versprach, ein Mädchen zu befreien und dann nichts mehr von dieser Zielsetzung zu spüren ist, und das weitere Nahrung finden wird, wenn Gauvain späterhin das Versprechen abgibt, die blutende Lanze zu suchen, ohne sich im weiteren auch nur einen Augenblick zu fragen, wo er diese finden könnte, geschweige denn, sich ernsthaft auf die Suche nach ihr zu machen.

Es liegen hier eindeutige kompositorische Fehler vor, zum mindesten sind es solche gemessen an der sonsthin zu beobachtenden Kunst Chrétiens.

Neben diesen Fehlern macht sich aber auch ein grundsätzlicher Unterschied

L, Chapel Hill, 1953, S. 1–15, ebda., S. 13 möchte in der mangelnden „significance" von Yvonet in *Perceval* und **Gauvain* eine Analogie sehen. Man bedenke jedoch, wie sehr der Yvonet im *Perceval* Bedeutung gewinnt als mit dem *nice Perceval* kontrastierender Typ des aufgeklärten Menschen (v. 1130 ff). – Weitere Beispiele für „dissonances" im Gauvainteil bringt J. Fourquet, a.a.O. S. 301 ff. Vgl. auch Jean Marx, Recherches..., a.a.O. S. 442 ff, ders., La quête manquée..., a.a.O., passim (jetzt auch in *Nouvelles recherches...*, a.a.O. S. 205 ff).

in der Handlungsführung bemerkbar, ein Unterschied, der es u. E. unmöglich macht, die Diskrepanz zur bei Chrétien üblichen Technik dem unvollendeten Charakter des Werkes zu Lasten zu legen, aus dem heraus schon A. Hilka manche Mängel erklären wollte,[21] handelt es sich doch hier gar nicht um Mängel, sondern unverkennbar um eine andere Technik, einen anderen Autor, der, weniger begabt als Chrétien, in seiner Art doch sehr geprägt dasteht und keineswegs den Eindruck erweckt, als habe er keine Zeit gehabt, seinem Werk den letzten Schliff zu geben.

Dies wird sich uns zeigen, wenn wir nunmehr die Verteilung der Schwerpunkte zwischen auslösenden und abgeleiteten Handlungen betrachten.

Bei Chrétien war die auslösende Handlung der ästhetische Grund, in den die Nebenhandlung wieder zurückströmt, ganz anders liegen die Verhältnisse beim Gauvainautor. Die Handlung ersten Grades (Guiganbresil)[22] weicht einer weiterführenden (Auszug des Gauvain), diese wird über funktional Vermittelndes eingeleitet in den ersten Ort episodischen Verweilens. Man möchte von Handlungsschalen sprechen, die, in sich von untergeordneter ästhetischer Bedeutung, einen Handlungskern bergen und erst durch ihr Abgestreiftwerden freilegen. Nirgends findet sich bei Chrétien eine auch nur annähernd analoge Technik, die ausgezeichnete Ökonomie seiner Kunst verträgt sich nicht mit der Einführung von künstlerisch substanzlosen Handlungsschoten.

Im *Perceval* hat alles unmittelbaren Bezug auf den *sen* der Gesamtentwicklung, steht, wie wir an einer Reihe von Beispielen gesehen haben, im lebendigen Dialog mit dem Geschick des Helden, ist tragendes Moment in der Gesamtstruktur des Romans, Teil eines Kosmos, der den Leser auch im Detail stets schon das Ganze erleben läßt, ist Fluß, der trägt.

Widmen wir uns nun dem Handlungskern selbst, der Episode mit der „Pucele as Manches Petites“, die hier stellvertretend analysiert werden soll. Der erste Verweis auf sie begegnet uns in der Mitteilung von *Traez d'Anet*. Die Episode mit der „Pucele as Manches Petites“[23] wird also eingeführt durch den Knappen eines nur mittelbar beteiligten Ritters. Das ist nicht weiter erstaunlich, aber wir werden sehen, daß sich dieses Angehen des Hand-

[21] *Der Percevalroman,* a.a.O. S. XXXVII.

[22] Nimmt man an, daß die „Überleitung“ echt ist, so ist die Guiganbresilhandlung schon eine zweiten Grades, durch die der Entschluß Gauvains, das Mädchen von *Montescleire* zu befreien (dann Handlung ersten Grades), aufgehoben wird.

[23] Dazu auch der schon zitierte Aufsatz von W. A. Nitze, „The Guinganbresil Episode in Chrétien's *Perceval*“. W. A. Nitze möchte die Episode, die nach ihm „in Chrétien's best style“ geschrieben ist (ebda., S. 374), Chrétien zusprechen und den Anteil Chrétiens am *Conte del Graal* „certainly up to 6519“ reichen lassen, gibt jedoch von den „Gauvain episodes“ zu: „They are loosely hung on to the main narrative and not integrated with it, unlike the *Yvain* where the Gauwain section (4703–6525) is an essential part of the narrative plot.“

lungskerns über das Mittelbare wiederholt und so eine Analogie darstellt zu dem, was wir über die Funktion der Handlungen untereinander feststellten.

Tiebaut verweigert zunächst das Turnier, weil es ihm sein „conseil privé" nahegelegt hat; durch einen „vavasor", der wegen der zwei Schilde angenommen hat, daß es sich um zwei Artusritter handelt, vermittelt, soll das Turnier dann doch stattfinden.

Ähnlich verfährt der Autor, als Gauvain durch die *Pucele as Manches Petites* umgestimmt wird. Sie begibt sich zum Hause Gauvains, der bei Garin dem Sohne des Bertain übernachtet (erstgradige Verweisung ins Indirekte), welcher zwei Töchter hat (zweitgradige Verweisung), die sich riesig freuen, das kleine Mädchen wiederzusehen und es an der Hand zu halten (linearer Ausbau der zweitgradigen Verweisung aus dem Unmittelbaren).

Das gleiche wiederholt sich im folgenden und ist kennzeichnend für die ganze Struktur des **Gauvain*: Garin ist nicht zu Hause, wodurch die Handlung vom in sich nur indirekten Zielpunkt noch mehr ins Mittelbare abgelenkt wird, er hat sich mit seinem Sohn Hermann (ästhetisch nicht motivierte Einführung einer weiteren Person geringeren Aktualitätsgrades) zu seinem Herrn aufgemacht, den er auf der Straße trifft. Sein Herr kommt, um Gauvain festzunehmen, was Garin natürlich wegen des Gastrechtes nicht dulden kann (analog ist die Handlung in der Turmepisode). Die beiden einigen sich darauf, zu Gauvain zu gehen. Nun erst tritt die „pucele" in Aktion.

Wir glauben, daß das Gesagte genügt, um erkennen zu lassen, daß der Autor seiner „Schalentechnik" und seiner Neigung zum Komplizierten und Mittelbaren bis ins Detail treu bleibt, und uns will es scheinen, daß dieser Punkt dazu angetan sei, unseren Verdacht bezüglich der Verfasserschaft Chrétiens zu verstärken. Man bedenke doch, wie unmittelbar Chrétien das Episodische angeht, wie man von einem ins andere gleitet im ständigen Fluß auf ein Ziel zu. Sehen wir einmal davon ab, daß diese Episoden im *Perceval* zugleich Stufen bedeuten, was sie im *Yvain* beispielsweise nicht sind, so wird man doch nirgends in den Romanen Chrétiens von einer Neigung zum Mittelbaren sprechen können, ebensowenig von reiner Funktionalität oder von „Schalentechnik".

Verwandt mit der erwähnten Funktionalität einzelner Motive ist das, was wir den absoluten motivlichen Rückgriff nennen möchten, worunter wir einen Rückgriff in die Zeit vor dem Romangeschehen verstehen. Ein solcher begegnet uns im **Gauvain* gleich zu Anfang, wo Guigambresil als Motiv für seine Herausforderung angibt: *Tu oceïs mon seignor* (v. 4759 f).[24] Der Leser wird hier vor eine für ihn nicht überblickbare, ihn aber auch nicht im Sinne der Spannung beschäftigende Tatsache gestellt, die Einheit des Romans wird durch einen Verweis aus ihm heraus beeinträchtigt. Dies wiegt um so schwerer, als dieser absolute Rückgriff den Roman als ganzen erst auslöst.[25] Ver-

[24] Ein weiterer absoluter motivlicher Rückgriff liegt in Vers 7112 ff vor.

[25] Ein verzeihlicher Rückgriff ist es dagegen, wenn die *male pucele* ihr Verhalten daraus erklärt, daß Guiromelant ihren Freund getötet habe.

geblich würde man für diese Erscheinung eine Entsprechung bei dem absolut progressiven Chrétien suchen. Das Motiv für den Auszug Percevals ruht in diesem Tun selbst, ist ein geheimnisvolles Zusammenspiel der Umstände, die noch im Handeln wirksam sind, in *Erec et Enide* wird das Motiv souverän von König Artus gesetzt, im *Cligès* entsteht es parallel mit der Entwicklung des Menschen, im *Yvain* liegt es oft in dem Aufruf, den andere an den Helden herantragen.

Wie schon oft, stehen auch hier sich wieder progressiver Kontakt mit den Dingen und Mittelbarkeit gegenüber.

Über das Kompositionelle hinaus sind aber auch die ganze Denkstruktur und das Klima des * *Gauvain* andere. Auffallend zahlreich sind die Referenzen auf das Rechtsdenken, sie durchsetzen die Gauvainabenteuer in einem solchen Maße, daß sie als zur Grundstruktur des im * *Gauvain* sich spiegelnden Weltbildes gehörig bezeichnet werden müssen.

Schon die Frist von vierzig Tagen, die Guigambresil stellt, weist in diese Richtung, weiterhin die Tatsache, daß Gauvain des Verrates angeklagt wird und sich vor Gericht verteidigen soll,[26] ein Motiv, das des öfteren wieder aufgegriffen wird (v. 5095 ff; 5190 ff; 6106 ff). Es geht darum *qui avra droit* (v. 4796).

Ja die Gerechtigkeit wird sogar von Gauvain ausdrücklich zum ethischen Grundprinzip seines Handelns erhoben:

«... Que jel fis por leal justise,[27]
Qui est establie et assise
Par tote la terre le roi.» 7131

Als die „Pucele as Manches Petites" zu Gauvain kommt, bittet sie ihn:

«... Si m'an faites droit, se vos plest.» 5339

Man möchte dies für eine Wendung ohne Ausdruckskraft im Sinne des Rechts halten, aber der Autor präzisiert im folgenden durch die Gegenfrage Gauvains:

Quel droit feire vos an puis gié? 5349

Und weiter unten heißt es noch einmal:

Quel droit je vos porroie feire
De vostre seror, et comant?» 5365

Eine Bürgerversammlung mit Bürgermeister und Schöffen stellt ausdrücklich fest, daß Gauvain es verdient, der Schande preisgegeben zu werden:

Li traïtre a bien desservi
Qu'il soit a honte demenez; 5927

[26] Eine Parallele bietet nur die Gerichtsszene im *Yvain*, der jedoch nur episodische Bedeutung zukommt. [27] Vgl. auch v. 8960, 8965.

Soziales Denken und Körperschaftsgefühl verbinden sich hier mit dem Rechtsdenken, ausgehend von der sozialen Grundzelle menschlicher Begegnung:

Ice ne cuidoie je mie
Avoir anvers toi desservi... 7107

So spielt auch die Familie eine größere und andere Rolle als bei Chrétien, sie ist die römische *domus,* sowohl Raum affektiver zwischenmenschlicher Schwingungen als auch eine bindende Gemeinschaft. Gauvain ist daher ganz erstaunt, als er erfährt, daß zwischen Melïanz und Tiebaut ein Turnier anberaumt worden ist, denn er weiß, daß Melïanz im Hause des Tiebaut erzogen wurde (v. 4838 ff). Wo wäre in den Romanen Chrétiens eine Entsprechung für eine am Denken der häuslichen Gemeinschaft ansetzende Pflichtenkollision? Wo wäre auch nur ein *Melianz de Liz,* ein *Tiebaut de Tintaguel,* ein *Garin le fil Berte* denkbar? Lassen nicht diese Namen schon, denen sich ein *Girflex li filz Do* hinzufügen ließe, erkennen, daß es hier um ein Denken im Sinne des *lignage* geht, um ein Denken, von dem Otto Schulz mit Recht vermerkt hat, daß es sich bei Chrétien, im Gegensatz zu den *chansons de geste,* nicht finde![28] Wird nicht auch so die Beleidigung des Guigambresil am Hofe aufgefaßt, wenn der Bruder des Gauvain, Agrevains li Orguelleus, mit einer vertraulichen Geste (si le tire) [29] seine Solidarität zu erkennen gibt:

«Por Deu, biaus sire, 4770
Ne honissiez vostre lignage.
De cest blasme, de cest hontage
Que cist chevaliers sus vos met
Vos desfandrai, ce vos promet.»

Affektivität und Stammesdenken gewinnen hier gleichermaßen Raum, zeigen sich auch, wenn jeder Gauvain sein Bestes anbietet, als dieser sich zum Auszug rüstet:

Qui bon escu, qui bone lance, 4800
Qui bon hiaume et bone espee ot
Presanta li;

Die bürgerliche Welt tritt hier neben die ritterliche:

Ot trové seant lez a lez
Une assanblee de voisins,
Le maior et les eschevins 5908
Et d'autres *borjois* grant foison,

Gewerbetreibendes Volk begegnet uns:

Et voit les places et les voies
Totes plainnes de bons ovriers,
Qui feisoient divers mestiers 5764
Si con li mestier sont divers:
Cil fet hiaumes et cil haubers,

[28] Otto Schulz, *Die Darstellung psychologischer Vorgänge* ..., a.a.O. S. 146.
[29] Diese Geste wird sich in Vers 5343 wiederholen.

Et cil seles et cil blazons,
Cil lorains et cil esperons,
Et cil les espees forbissent,
Cil folent dras et cil les tissent,
Cil les paingnent et cil les tondent,...

Der Handel blüht:

Bien poïst an cuidier et croire
Qu'an la vile eüst toz jorz foire,
Qui de tant d'avoir estoit plainne,
De cire, de poivre et de grainne
Et de panes veires et grises
Et de totes marcheandises.[30]

Zwar waren solche Beschreibungen des Lebens in einer Burgstadt schon literarisch vorgeprägt, Wace hatte hierfür, wie G. D. West dargestellt hat,[31] ein vortreffliches Beispiel in der Beschreibung von Carlion gegeben,[32] auch darf man vielleicht annehmen, daß in der Schulrhetorik Vorschriften hierfür gegeben wurden, aber es ist doch bezeichnend, daß unsere Stelle aus dem Gauvainteil die erste Imitation dieses Modells ist, die G. D. West anführen kann. Chrétien pflegt sich in den Beschreibungen von Burgen stets zurückzuhalten, sie immer nur als Gesamteindruck zu erfassen, keine Anhaltspunkte für das konkret sich in ihnen abspielende Leben zu geben. In *Erec et Enide*, v. 2259 ff beispielsweise erhalten wir nicht den geringsten Einblick in die tatsächlichen Verhältnisse der Burgstadt, und im * *Perceval* wird diese nur in Belrepeire als Bild der Verlassenheit faßbar, während die anderen Burgen als e i n Gebäude gestaltet werden.[33]

Auch der Gauvainteil enthält eine Anzahl von Beschreibungen solcher Burgen, unter denen einige recht beachtliches literarisches Niveau verraten, so die in Vers 7224–7244, die jedoch eindeutig an * *Perceval*, v. 1305 ff inspiriert ist, wie die einleitende Situation und die Lage der Burg ganz klar erkennen lassen, die sich aber insofern von chrétienschen Gewohnheiten entfernt, als die Burg unter der Hand des Gauvainautors zu einem Schloß mit fünfhundert Fenstern wird. Man gewinnt hier den Eindruck, daß der Gauvainautor ein Schüler Chrétiens ist, zeigen doch auch seine Übergänge starke Analogie zu denen Chrétiens und ist seine Reimbehandlung, wie M. Delbouille betont, mit der des großen champagnischen Meisters identisch.[34]

[30] U. T. Holmes (*Chrétien, Troyes, and the Grail,* Chapel Hill 1959, S. 8) neigt dazu, in diesen Straßen Troyes wiederzuerkennen.

[31] G. D. West, „The Description of Towns in Old French Verse Romances", *French Studies,* XI, 1957, S. 50–59.

[32] *Brut,* v. 10337–10358, nach G. D. West, a.a.O. S. 51/52. W. Ziltener weist auch mit Recht auf die Beschreibung von Karthago im *Eneas* (v. 407 ff) hin, nach ihm hat „Chrétien" in *Conte del Graal,* v. 5754 ff die beiden Beschreibungen aus *Brut* und *Eneas* miteinander kombiniert.

[33] Vgl. auch die Wendung *li chastiaus et la torz, Conte del Graal,* v. 2504.

[34]. M. Delbouille, „Genèse du Conte del Graal", *Les Romans du Graal,* a.a.O. S. 83

Gewiß, in den späteren Abenteuern Gauvains tritt diese in „Burgstadt“ und Stammesdenken sich manifestierende bürgerliche Note zurück und macht dem Märchenhaften Platz, aber auch dieses Märchenhafte trägt eine analoge Prägung, wenn in ihm die Menschen zu großen Gemeinschaften zusammengenommen werden,[35] wenn in dieses Märchenhafte schließlich wieder das Denken im Sinne der Familie als Raum der Affektivität hineinspielt, darüber hinaus aber auch das Stammesdenken. Während Chrétien die Artusritter ausschließlich als Handelnde interessieren, werden hier regelrechte Genealogien aufgestellt, wird Gauvain von Artus Mutter geradezu in Familienkunde geprüft. Er hat sich so auszuweisen, daß er von der *meisniee le roi Artu* (v. 8118 f) ist:

«... Mes or me dites del roi Lot:
De sa fame quanz filz i ot?»
«Dame, quatre.» – «Or les me nomez!»
«Dame, Gauvain est li ainznez,
Et li seconz est Agrevains
Li Orgueilleus as dures mains;
Gaherïez et Guerehés
Ont non li autre dui aprés.»

Daß aber die Familie auch als Raum affektiver Schwingungen in dieser märchenhaften Ambianz Gegenwart wird, zeigt die „Auflösung“ des Geheimnisses, das um das Wunderschloß liegt, steigert sich doch dort diese Neigung des Autors bis zum Sentimentalen, wenn Clarissanz und Gauvain miteinander auf dem *Lit de la Merveille* sitzen und nun, nachdem die alte Königin beim Anblick des schönen Paares schon den Wunsch geäußert hat, die beiden wie Aeneas und Lavinia vereint zu sehen (v. 9059), die „andere Königin“, der beiden Mutter, sagt:

«Deus li doint si metre son cuer 9061
Qu'il soient come frere et suer
Et qu'il l'aint tant et ele lui
Qu'une chose soient andui!»

Ohne es zu ahnen, bringt die Mutter, die ihren Sohn nicht erkannt hat, eine „tiefe“ Wahrheit zum Ausdruck, die in *Q R V* und *T* noch klarer heraus-

bis 87, ebda., S. 83. Maurice Delbouille glaubt auf Grund dieser identischen Reimbehandlung im Gauvainteil diesen endgültig als unbestreitbar von Chrétien geschrieben bezeichnen zu können. Wir glauben jedoch, daß die Reimbehandlung, wenn man sie in Prozentzahlen der wiederholten Reime faßt, unter Umständen eine Frage der Schule ist, dies zum mindesten bis zu einem gewissen Grade.

[35] Das Burgschloß hat 500 Fenster, *totes covertes de dames et de dameiseles* (v. 7244 f), 150 *puceles des plus beles* essen mit Gauvain und bedienen ihn (v. 8232 f; nach *T* und *V* sind es gar 250), in 500 Bottichen wird Wasser warm gemacht, damit sich die *vaslez*, die zu Rittern geschlagen werden sollen, baden können (v. 9171 ff), 100 Pfalzgrafen, 100 Herzöge und 100 Könige, eilen, um den wankenden König Artus zu stützen (v. 9218–9226).

kommt, wenn dort statt *chose char* steht. Der Autor läßt es sich nicht nehmen, diesen tieferen Sinn der Worte ausführlich zu explizieren:

An sa proiiere antant la dame
Qu'il l'aint et qu'il la praingne a fame;
Cele ne reconoist son fil:
Come frere et suer seront il;
Que d'autre amor point n'i avra.

Auch bei Chrétien fehlt es nicht an Wiedersehensszenen, aber keine von ihnen trägt auch nur annähernd diese sentimentale Note. Wie herb ist das Wiedersehen zwischen Perceval und seiner Base (*Conte del Graal,* v. 3578 ff), wie diskret die Erkennungsszene zwischen Perceval und dem Eremiten.[36] In meisterhafter Gestaltung zeigt sich dieses beherrschte Ansichhalten beim Wiedererkennen im *Karrenritter,* als dort Lancelot und Gauvain einander begegnen. *Et li chevaliers s'arestut Qui mon seignor Gauvain conut*[37] ist das einzige, was darauf hinweist, daß die beiden einander kennen, wobei es sogar dem Leser überlassen wird, sich hinzuzudenken, daß nicht nur Lancelot den Gauvain, sondern auch Gauvain Lancelot kennt.

Was aber die Affektivität im Rahmen der Familie bei Chrétien anbetrifft, so genügt ein Blick in die Abschiedsszene des Perceval von seiner Mutter, um zu sehen, wie diese Affektivität stets nur als beherrschte und in Handeln umgesetzte (Mutter) oder als männlich verschwiegene oder gar geleugnete (Perceval) zum Ausdruck kommt. Man wird dies auch von einem solch meisterhaft entworfenen Bild affektiver Schwingungen im Bereich der Familie sagen müssen, wie es Chrétien in *Yvain,* v. 5360–5379 entwirft, ein Bild, das in seiner beherrschten Innigkeit kaum übertreffbar scheint:

Et mes sire Yvains qui s'an antre
El vergier, aprés lui sa rote.
Voit apoiié desor son cote
Un riche home, qui se gisoit
Sor un drap de soie, et lisoit
Une pucele devant lui
An un romanz ne sai de cui.
Et por le romanz escouter
S'i estoit venue acoter
Une dame, et c'estoit sa mere
Et li sires estoit ses pere,
Si se pooient esjoïr
Mout de li veoir et oïr;
Car il n'avoient plus d'anfanz, ...

Wie geschickt wird auch hier die Affektivität in ein Tun inkarniert, das scheinbar ganz objektiv gerichtet ist: man möchte den *romanz* hören. So entgiftet Chrétien das Emotionale, baut es episch ein.

Was endlich jene bürgerliche Welt mit Handel und Gewerbe anbetrifft, so

[36] Vgl. unsere Interpretation im 1. Kapitel.
[37] *Karrenritter,* v. 277 f.

wird man auch sie vergebens im authentisch chrétienschen Roman suchen. Chrétien hat sie sicher gekannt, aber auch empfunden, daß sie der *gratuitas* höfischen Lebens, wie man sie am Hofe der Marie de Champagne sah,[38] widersprach; auch dürfte Chrétien, bewußt oder unbewußt, gefühlt haben, daß diese bürgerliche Welt, ästhetisch gesehen, der in „aventure", Liebe und Festlichkeit sich erschöpfenden höfischen Welt nicht ebenbürtig war. Bezeichnend ist es, wenn Chrétien ihr im *Yvain* die Vision des Proletariats vorzuziehen scheint, ist doch dieses arbeitende Proletariat, dem man wie durch einen Traum in der Seidenweberinnenszene zu begegnen glaubt, viel reizvoller, weil herber und plastischer, wohl auch beherrschter.[39]

Handlungsführung, Komposition und Weltbild des Gauvainteils scheinen uns eine deutliche und unüberhörbare Sprache zu sprechen, es nahezulegen, daß der **Gauvain* nicht den Geist chrétienscher Kunst widerspiegelt und einem Fortsetzer, wahrscheinlich einem Schüler Chrétiens zugeschrieben werden muß.

Wird eine Untersuchung zum Stil, zu der wir nunmehr ansetzen wollen, dieses Ergebnis bestätigen können?

Die Aufgabe, die wir uns mit dieser Untersuchung gestellt haben, ist um so schwerer, als wir fast ausschließlich auf eigene Beobachtungen angewiesen sind, da es kaum Vorarbeiten zum Stil des Gauvainteiles gibt,[40] ja nicht einmal zu Chrétien zufriedenstellende Stiluntersuchungen vorliegen, die uns Maßstäbe für authentisch chrétienschen Stil liefern könnten. Die Untersuchungen von R. Grosse[41] und G. Biller[42] sind fast ausschließlich Katalogisierungen rhetorischer Stilmittel, auf denen aufzubauen uns nicht zweckmäßig erschien; S. Heinimanns Aufsatz „Zur stilgeschichtlichen Stellung Chrétiens"[43] könnte als ein erster Ansatz zu einer wirklichen Wertung chrétienschen Stils gelten.

Unseren Beobachtungen zum Stil wird daher ein gewisser Grad von Zufälligkeit anhaften, wollen wir doch keineswegs den Anspruch erheben, mit unseren Ausführungen eine Studie zum Stil Chrétiens, die ein dringendes Bedürfnis der Romanistik bleibt, zu ersetzen.

Schauen wir uns den Anfang des **Gauvain* an.

[38] Dazu J. F. Benton, „The Court of Champagne as a Literary Center", *Speculum*, LXXXVI, 1961, S. 551–591.

[39] *Yvain*, v. 5184 ff.

[40] Neben W. Kellermann ist uns nur der zitierte Aufsatz von H. Hatzfeld bekannt.

[41] *Der Stil Crestiens von Troyes*, Frz. Studien 1, Heilbronn 1881.

[42] *Etude sur le style des premiers romans français en vers*, Göteborgs Högskolas Årsskrift 22, Göteborg 1916.

[43] *Mélanges de linguistique et de littérature romanes à la mémoire d'István Frank*, Annales Univ. Sarav., VI, 1957, S. 235–249. – Hier wären jetzt auch J. Frappiers ausgezeichnete Beobachtungen zur „Brisure du couplet dans *Erec et Enide*" zu nennen (Rom., t. LXXXVI, 1965, S. 1–21).

Et que que il s'apareilloient
Parmi la sale et il s'armoient,
Guinganbresil parmi la porte
De la sale antre et si aporte
Un escu d'or et an l'escu
Ot une bande, d'azur fu;

Unangenehm fällt die Diskrepanz zwischen inhaltlicher Bedeutung und klanglicher Aufdringlichkeit in *parmi* auf. Die Präposition ist so klangstark, daß sie, zumal wenn sie in zwei aufeinanderfolgenden Versen wiederholt wird, die Aufmerksamkeit des Lesers auf sich lenkt.[44] Dieses zweifache *parmi* widerspricht auch insofern chrétienschen Stilgewohnheiten, als in ihm ein Aspekt hervorgehoben wird, den Chrétien weitgehend meidet, örtliche Gebundenheit. Hören wir, wie im *Karrenritter* der *chevalier*, der die Herausforderung zu überbringen hat, im Saal erscheint:

La ou Kex seoit au mangier,
a tant ez vos un chevalier
qui vint a cort molt acesmez,
de totes ses armes armez.[45]

Ein *ez vos* stellt hier den Ritter vor, die örtliche Dimension wird nicht ausdrücklich, und ein erklärendes *qui vint a cort* abstrahiert die örtliche Referenz durch Verwendung eines Ausdrucks, der mehr ein geistiges Inbezugtreten als ein konkretes Sichzubewegen auf etwas vermittelt. *Ez vos un chevalier* ist überdies geheimnisvoll synthetische Sprache, regt die Phantasie an, weil gar nicht gesagt wird, wie der Ritter hereingekommen ist, hierüber erst in einem Relativsatz eine allgemein gehaltene Auskunft erfolgt.

Die Verse, die den **Gauvain* eröffnen, sind dagegen nackte Tatsächlichkeit, in der natürlichen Folge des Inerscheinentretens berichtet, wobei genau die beschrittenen Wege angegeben werden. Der Erscheinende zeigt sich sofort in der kalten Faktizität eines Namens, den das Geschehen noch nicht zu einem die Phantasie befruchtenden Element erhoben hat. Man bedenke nur, wie lange es im *Karrenritter* dauert, bis Lancelot namentlich vorgestellt wird, wie spät im *Conte del Graal* Perceval seinen Namen errät, denke aber auch daran, wie alle plötzlich Erscheinenden eben nur *une pucele, un chevalier, une dameisele* oder auch ein *Chevalier Vermoil* sind.

Wie verhält sich nun dieser Guiganbresil? Wenn man sich unbefangen dem

[44] Für einen Roman im 12. Jh. muß als normale Wirksamwerdung lautes Vorlesen angesetzt werden (vgl. *Yvain*, v. 5364 ff).

[45] *Karrenritter*, v. 43 ff; vgl. auch *Conte del Graal*, v. 4322–4325, wo die Dimension des Ortes einfach übersprungen wird. Gern setzt dagegen Chrétien Ort und Raum ein, wenn diese davor geschützt sind, als technische Orientierungen gedeutet zu werden. Das ist der Fall bei metaphorischer oder symbolischer Verwendung, aber auch, wenn Abstrakta an eine Ortvorstellung gebunden werden (zu Letzterem treffende Beispiele bei S. Heinimann, *Das Abstraktum in der französischen Literatursprache des Mittelalters*, Rom. Helv. 73, Bern 1963, S. 8, 11, 13, 123, 135 f).

Fließen der Erzählung hingibt, möchte man zunächst meinen, er brächte *(aporte)* einen goldenen Schild, doch führt er diesen offensichtlich nur mit sich, aber im folgenden muß sich die Meinung verstärken, daß es mit diesem Schild eine besondere Bewandtnis hat, wird doch von ihm berichtet:

> Ot une bande, d'azur fu;
> Li tierz de l'escu fu la bande
> Tote a mesure et tote a rande. 4754

Abgesehen von der dreimaligen Wiederholung von *escu* (v. 4751 zweimal, 4753) und der zweimaligen von *bande* (v. 4752/4753), Wiederholungen, von denen keiner rhetorisch gesteuerte Funktion zukommt, müßten auch die Farben gold und blau den Eindruck erwecken, daß dieser Schild symbolische oder schicksalhaft konkrete Bedeutung gewinnen wird. Dabei dürfte man nach den Erfahrungen höfischer Symbolik mit Sicherheit annehmen, daß das Erscheinen eines solchen goldenen Schildes Glück bedeutet. Wie wir wissen, ist dies keineswegs der Fall. Guiganbresil ist ein Unglücksbote, er bringt schlimme Nachrichten für Gauvain, ist im Begriff, ihn tödlich zu beleidigen, so daß den Hof ein Klagen erfüllt, von dem der Autor berichten kann (v. 4807 ff):

> Ot aprés lui mout grant duel fet,
> Maint piz batu, maint chevol tret
> Et mainte face esgratinee;

Der Gauvainautor hat ganz offensichtlich den Schild so farbenprächtig gestaltet, weil er es liebt, sich in der Symbolsprache des höfischen Romans zu bewegen, aber er versteht sie nicht mehr folgerichtig einzusetzen, beschreibt um des Beschreibens willen, wobei er mit *tierz* eine der örtlichen Fixiertheit von Guiganbresils Auftreten analoge geometrische Größe einsetzt, die den Eindruck des exakten, das Dingliche als solches gestaltenden Schreibens verstärkt.

Uns will es scheinen, als werde hier erneut fühlbar, daß der Gauvainautor ein Schüler Chrétiens ist, der die Technik des Meisters gelernt hat, aber es nicht mehr versteht, diesem Material den Geist beherrschter Ordnung einzuhauchen, der erst den Kosmos eines chrétienschen Romans ins Leben ruft. Er geht zu unvorsichtig mit den Mitteln um, die ihm die Schule des Meisters bereitstellt. Das zeigt sich sehr plastisch, wenn Gauvain sieben Knappen, sieben Pferde und zwei Schilde mitnimmt (v. 4804 f). Das sind sehr bedeutsame Zahlen, aber man fragt sich, warum sie hier eingesetzt werden. Dem Autor selbst ist wohl dieser „kleine Hofstaat" des Gauvain im Laufe der Erzählung ein wenig viel geworden, denn wenn wir bei der Hirschjagd noch einen Knappen erleben und erfahren, daß mehrere Pferde mitgeführt werden (*Qui un de ses chevaus menoit;* v. 5665), so hören wir nach der *comune,* d. h. zugleich auch nach der Eremitenszene nichts mehr von dieser Begleitung.

Auch syntaktisch gesehen scheinen uns die weiter oben zitierten, den **Gauvain* einleitenden Verse nicht gerade von hochentwickeltem Können zu zeugen, handelt es sich doch um überwiegend parataktische, in sich geschlossene syntaktische Einheiten, die in Vers 4751–4753 den Fluß der erzählenden Bewegung empfindlich stocken lassen, da die Satzenden jeweils mit dem Ende des „couplet“ zusammenfallen.

Stockende, additive syntaktische Verhältnisse zeigen auch folgende Verse:

> Une rote premieremant
> De chevaliers parmi la lande
> Voit trespasser et si demande
> A un escuiier qui venoit
> Toz seus aprés et si menoit
> An destre un cheval espaignol
> Et ot un escu a son col:

Nach dem *si demande* von Vers 4818 ist die Spannung zu der zu berichtenden Aussage gesetzt, darauf folgt ein Relativsatz, was durchaus als die Spannung untermalendes, syntaktisches Vakuum dienen könnte, aber nach diesem erfolgen auf gleicher syntaktischer Ebene noch zwei Kola, welche die Spannung überdehnen und zunichte machen. Man beachte auch, wie überflüssig Vers 4821/4822 sind, wie sie erneut des Autors Vorliebe zu den Dingen belegen, wird doch das Pferd nach Rasse genau bestimmt (so werden ja auch, wie wir schon weiter oben gesehen haben, die Menschen nach Namen und Sippe sofort bei ihrem Erscheinen festgelegt).[46]

Ungeschickt scheint mir auch die vielleicht zufällig zustandekommende Wiederholungsfigur, die Vers 4818 und Vers 4820 verbindet (*et si* + Verb), da hierdurch zwei Handlungen parallelgesetzt werden, die es weder syntaktisch noch inhaltlich sind, so daß man doppelt die Hemmung empfindet, die in dem durch *si menoit* eingeleiteten Satz liegt.

Es zeigt sich hier erneut, daß der Autor die klanglichen Höhepunkte oder klangliche Momente, die auf Grund von Repetition automatisch zu solchen werden müssen, nicht geschickt einsetzt. Man beachte nur etwa die aufdringliche und wir möchten sagen häßliche Reimfolge folgender Verse:

> Mes se je rien mesfet eüsse
> Au chevalier, et jel seüsse,
> Mout volantiers pes an queïsse
> Et tel amande l’an feïsse

Auch in Vers 5642–5648 fallen Klangkonzentration und Sinnschwäche zusammen:

> Et mes sire Gauvains demande
> Que ele li avoit antandu.
> Et ele li a respondu

46 Das verstößt auch gegen die induktive Art der Darstellung, die W. Kellermann (a.a.O. S. 42 ff) für Chrétien als charakteristisch erwiesen hat (dazu jetzt auch W. Ziltener, a.a.O. S. 18 ff). Etwas anderes ist natürlich die namentliche Nennung des Helden der Szene in ihrem ersten Vers, wofür W. Ziltener eine Reihe von Belegen anführen kann (a.a.O. S. 23); sie dient oft der Wiederaufnahme, wie W. Ziltener mit Recht vermerkt.

Que ele li avoit beisié
Par tel antancion le pié
Que de li li resovenist
An quel que leu que il venist.

Verlockend ist der Vergleich einer analogen Situation bei Gauvainautor und Chrétien, wie sie uns *Conte del Graal*, v. 6012–6033 und *Yvain*, v. 907–915 bieten. Es handelt sich in beiden Fällen um die Beschreibung einer Tür, die zu schmal ist, als daß zwei Männer nebeneinander durch sie hindurchgehen könnten.

Hören wir den Gauvainautor:

Li plusor arriere s'an fuient,
Que lor assaut sofrir ne pueent
Et a pis d'acier la tor fueent
Ausi con por la tor abatre,
Qu'assaillir n'osent ne conbatre
A l'uis, qui bien lor est veez.

Man wird nicht sagen können, daß sich diese Verse sehr stark von normalem Mitteilungsstil abheben, wenn man einmal von ihrem Reim absieht, der sich als außerordentlich ungeschickt gewählt erweist, wenn für sechs Versenden hintereinander (v. 6008–6014) die dritte Person Plural des Präsens Reimmaterial stellt. Nichts ist da, das eine ästhetisch wirksame Spannung zur Normalaussage bewirken könnte, keine Figur, keine überraschende Wortstellung, vielmehr ist alles syntaktisch gut ausgewogen, Subjekt, Prädikat und Objekt bzw. Umstandsbestimmung halten sich die Waage und ergänzen sich zu geschlossenen syntaktischen Einheiten. Es handelt sich um ausgesprochenen Aussagestil, es wird festgestellt, exakt berichtet und dann begründet, warum sich das so verhält.

Dann folgt die Beschreibung des Eingangs:

De l'uis, se vos plest, me creez
Qu'il estoit si estroiz et bas
Qu'ansanble n'i antrassent pas
Dui home se a painne non;
Por ce le pooit uns prodon
Bien contretenir et desfandre.

Vergleichen wir hierzu *Yvain*, v. 907 ff, eine Stelle, die der Autor obiger Verse sicher gekannt hat, wenn er, wie wir annehmen, ein Schüler Chrétiens war.

La porte fu mout haute et lee,
Si avoit si estroite antree,
Que dui home ne dui cheval
Sanz anconbrier et sanz grant mal
N'i poïssent ansanble antrer,
N'anmi la porte antrancontrer;

Der Unterschied zwischen den beiden Texten ist unübersehbar groß trotz des geradezu identischen Sachverhaltes, der auch in der Formulierung durchkommt *(ansanble n'i antrassent pas dui home se a painne non – dui home ...*

sanz anconbrier et sanz grant mal n'i poïssent ansanble antrer). Im erstzitierten Text fällt zunächst das „se vos plest, me creez" auf, das ein Sichabheben des Autors vom Berichteten bedeutet, verbunden mit einer Apostrophe an die Leser, Mittel, zu denen Chrétien höchst selten greift, und die im entsprechenden *Yvain*-Passus nicht anzutreffen sind. Der Autor wurde wohl durch den Reim dazu verleitet, denn wir haben weiter oben schon beobachten können, daß die Reimtechnik nicht seine stärkste Seite ist. Überhaupt wird bei dem Vergleich auffallen müssen, daß in obigem Text, der sich immer noch nicht wesentlich vom Aussagestil abhebt, die Verse mit dem Wortmaterial wahllos angefüllt scheinen, während im Yvaintext das die Verse durchwaltende Formprinzip geradezu in die Augen springt. Die chrétienschen Verse sind gebaut, das sie durchformende Strukturprinzip ist die für Chrétien so kennzeichnende symmetrische Zweierfigur. Man beachte in diesem Zusammenhang „dui home ne dui cheval" „sanz anconbrier et sanz grant mal", die je als Vers für sich eine Zweierfigur bilden, aber auch miteinander syntaktisch gesehen im Zweiertakt stehen, insofern „sanz anconbrier et sanz grant mal" als Umstandsbestimmungen neben „dui home ne dui cheval" den zweiten syntaktischen „Anlauf" nach dem einleitenden „que" bilden. Das gleiche wiederholt sich in den folgenden Versen, wo durch Wiederaufnahme des „ne" am Anfang des Verses schon äußerlich die Zweierfigur gegeben ist, aber auch syntaktisch eine sehr geschickte Parallelität vorliegt: beide Verse beginnen mit apostrophiertem „Ne", enden mit dem Verb im Infinitiv, bringen dazwischen Umstandsbestimmungen.[47]

Die an den zitierten Yvain-Versen abzulesende Stilkunst Chrétiens[48] ist aber nicht nur im Versbau begründet, sie liegt vor allem, und dies läßt den Unterschied zu oben zitiertem Text noch plastischer hervortreten, in der Erzähltechnik. So betont Chrétien zunächst, daß die Tür hoch und breit sei, verengt sodann erst die Perspektive, indem er vermerkt, der Eingang sei dennoch so eng, daß nicht zwei zur gleichen Zeit eintreten können. Hier gewinnt die Dimension des Raumes Gestalt, tritt zugleich ein Anflug von Humor, verbunden mit größerer Lebendigkeit der Situation in die Szene. Die Tür lädt geradezu dazu ein, daß man gleichzeitig zu zweit durch sie in den dahinterliegenden Raum eintreten möchte, und führt so zu der komischen Situation, daß die beiden mitten in dem Eingang zusammentreffen und einander den Vortritt geben müssen.[49]

[47] Hier liegt ein Pendant zu dem, was E. Richter zur „künstlerischen Stoffgestaltung in Chrétiens Yvain" festgestellt hat (*ZRPh*, 39, 1919, S. 393 ff).

[48] Zum Stil des *Yvain* jetzt die Studie von J. H. Reason, „An Inquiry into the Structural Style and Originality of Chrestien's *Yvain*", *Stud. in Rom. Lang. and Lit.*, vol. LVII, 1958. J. H. Reason verfolgt, im Gegensatz zu E. Richter, „structural tripartition", die er überzeugend als ein strukturelles Prinzip im *Yvain* belegt. Es wäre interessant zu untersuchen, wie im *Yvain* Zweier- und Dreierstruktur Hand in Hand gehen, beide sind u. E. unverkennbar.

[49] Man beachte auch, wie sperrig, die Situation untermalend die je viersilbigen Verben

Der Stil des **Gauvain* verrät also u. E. nicht die Hand des Chrétien von Troyes, sondern höchstens die von einem seiner Schüler. Indes hat H. Hatzfeld in seinem schon zitierten Aufsatz eine ganze Anzahl von Beobachtungen zum Stil Chrétiens gemacht, mit denen die strukturelle Einheit des *Conte del Graal* erwiesen werden soll, so daß wir uns diesen im folgenden kurz widmen wollen.

H. Hatzfeld untersucht zunächst „parallel-antithetische Handlungsspaltung im Mikro-Stilistischen", wozu er sehr treffend bemerkt, daß im *Perceval* die Darstellung des Zweikampfes nicht asymmetrisch verschoben, sondern perspektivisch gesehen werde „als Diptychon mit bipolarer Betonung",[50] und zitiert in diesem Zusammenhang *Perceval*, v. 1076–1079:

> Et li vallés grant aleure
> Vint vers lui por ses armes prendre
> Et li chevaliers por atendre
> Avoit le colpe d'or jus mise.[51]

Es wird noch ein weiterer Beleg aus dem *Perceval* angeführt (v. 1232–1235) und sodann folgender aus dem Gauvainteil hinzugefügt:

> Tantost Guigambresis s'en torne
> Et messire Gauvains s'atorne
> D'aler emprez. (v. 4797–99)

Sehen wir einmal davon ab, daß der örtliche Bewegungskontrast in den dem **Gauvain* entnommenen Versen wegfällt, insofern die beiden einander folgen, so ist es doch sehr aufschlußreich, wenn Chrétien einmal die Figur sperrt, sie sodann vom Versende fernhält, während der Gauvainautor als ein wenig ungeschickter Nachahmer diese Figur dorthin verlegt, wo sie sich als Klangfigur am ehesten anbietet, aber am wenigsten wirksam wird, in den Reim. Es entsteht so in den zitierten Gauvainversen eine Bewegung, die in eintöniger, nicht variierter Repetition zu den Versenden hin anschwillt. Man beachte auch die schon bei anderer Gelegenheit erwähnte additiv-parataktische Behandlung der Verseinheiten.

So grundsätzlich berechtigt daher die Beobachtung von H. Hatzfeld auch sein mag, erweist sie sich gerade im entscheidenden Vergleich mit der Gauvainstelle als nicht differenziert genug. Es verhält sich u. E. mit den Stilmitteln ähnlich wie mit dem Reim. Ihr Häufigkeitsgrad oder die Tatsache ihrer Anwendung sind ebensowenig als Hinweis auf den Autor zu werten wie die Prozentzahlen für bestimmte Reimkombinationen, beides zeigt vielmehr nur an, daß wir es mit der gleichen Schule zu tun haben. Zu dem personalen Stil

anconbrier und *antrancontrer* in den Versen liegen. Hier sind die Mittel getreue Träger des Sinns.

[50] Zit. Aufsatz, S. 143.

[51] Wir übernehmen hier, wie auch in den folgenden Zitaten, die Hervorhebung von H. Hatzfeld.

Kennzeichnenden kann man u. E. nur vordringen, wenn man die procédés des Stils und den Reim in ihrer je besonderen Weise, ästhetisch wirksam zu werden, analysiert.

Aus diesem Grunde kann uns auch das dem Gauvainteil entnommene Beispiel für „sekundäre Handlungsspaltungen aller Art nach Zweiergruppen“ [52] nicht überzeugen. Es handelt sich um *Conte del Graal*, v. 6659–6664:

> un chastel molt fort;
> Qui d'une part avoit le port...
> D'autre part estoit li vignobles.

Wenn man bedenkt, daß zwischen *d'une part* und *d'autre part* (die wohl rein geographisch zu verstehen sind und sich als solche für die Beschreibung einer Lage anboten) drei Verse mit zwei Satzabschlüssen liegen *(De mer mout grant et la navie.* | *Petit valoit mains de Pavie* | *Li chastiaus, qui mout estoit nobles.)*, so wird einem klar, daß hier etwas ganz anderes vorliegt als in den aus dem *Perceval* zitierten Stellen.

Auch können wir dem Verfasser des zitierten Aufsatzes nicht folgen, wenn er in folgenden Versen eine in „kontrastharmonischer Weise“ gestützte Begrüßungsformel nach der Art von Chrétien sieht:

> «Cist jors vos soit liez et jovieus.
> Ce doinst icil glorieus pere
> Qui de sa fille fist sa mere.
> »Grant joie, dame, vos doinst cil
> Qui en terre tramist son fil
> Por essalchier crestienté. (v. 8298–8303)

Die Verse, die, inhaltlich gesehen, ganz in den Rahmen der von uns hervorgehobenen bürgerlichen Note des **Gauvain* passen,[53] scheinen uns keinen Kontrast zu enthalten, sie sind eine Anreihung von faden, populär-theologisch gehaltenen Formeln.

Stilistisch gesehen weitgehend identisch sind dagegen zwei Belege aus *Perceval* und **Gauvain*, die H. Hatzfeld unter „besonderen Beziehungen zwischen Vordergrund und Hintergrund bei den Parallelantithesen“ aufführt. Aber wird man auf solch einem vereinzelten Beleg aufbauen können, wenn überdies noch der Geist, mit dem die syntaktisch identischen procédés geführt werden, verschieden ist? Die Chrétienstelle (*Cist pensers n'estoit pas vilains,* | *Ainz estoit molt cortois et dols;* 4458–4459) hat etwas gespielt Naives, Humorvolles, während die Gauvainverse (*Pucele n'est ele pas,* | *Ains est pire que Sathanas;* 7455–7456) bürgerlich moralisierend wirken, zudem wieder eine ausdrückliche theologische Referenz enthalten.

Unsere Untersuchungen zum Stil des **Gauvain* werden also durch das von

[52] Ebda., S. 144.

[53] Man beachte die Übertragung der Familienperspektive auf das Verhältnis zwischen Gott und Maria.

Helmut Hatzfeld gebotene Material eher im Sinne unserer These gestützt als erschüttert und bestätigen unsere Vermutung, daß der **Gauvain* nicht Chrétien zum Verfasser hat.

Diese Feststellung löst indes nicht alle Probleme. Man wird sich fragen, wie dann der **Gauvain* überhaupt mit dem *Conte del Graal* verbunden werden konnte, weiterhin, ob sein Autor mit dem „Fortsetzer" identisch ist, von dem wir anläßlich der Überleitungsszene und der abgerundeten Eremitenszene sprachen, schließlich, wer der Autor des **Gauvain* sein mag.

Wir haben schon wiederholt im Zusammenhang mit letzterer Frage die Vermutung geäußert, daß der Verfasser des **Gauvain* ein Schüler Chrétiens ist und glauben, daß sich für diese Annahme neben den schon angeführten Argumenten noch einige weitere ins Feld führen lassen.

Der Gauvainteil enthält eine Reihe von Imitationen chrétienscher Vorlagen, von denen einige sich am *Conte del Graal* selbst inspirieren, so daß die Annahme, Chrétien verwende seine eigenen Motive ein zweites Mal, wegfallen muß, ist es doch für Chrétien und für jeden guten Schriftsteller unvorstellbar, daß er sich innerhalb eines gleichen Kunstwerkes kopiert.[54] Die Imitationen erweisen sich überdies zum Teil als der Vorlage weit unterlegen.

So begegnen wir in Vers 6524 ff einer zweiten *pucele soz un chesne,* die, wie die erste (v. 3431 ff) *por un chevalier duel feisoit* (v. 6547), mit dem Unterschied allerdings, daß der Ritter dieses Mädchens nur schwer verwundet ist, jener aber tot war. Wenn wir uns diese freie „Kopie" der chrétienschen *pucele soz un chesne* näher betrachten, werden wir ähnliche „Fehler" feststellen, wie wir sie schon bei den Eingangsversen zum **Gauvain* beobachteten. Das Wort *chesne* wird viermal wiederholt, dazu tritt entsprechend dem zweimaligen *parmi* von Vers 4748 f ein in Vers 6527 und 6529 verwendetes *delez,* das ein analoges Bemühen um die Einbeziehung der Dimension des Ortes erkennen läßt, überdies Klangkonzentration bei Indifferenz des Sinnes anzeigt.

In Vers 8453 ff begegnen wir einer Selbstverwünschung, die der Autor zwar auch von anderswoher bezogen haben kann, für die aber Vers 3434 f als Modell naheliegen.

Vers 7224–7242 sind eine geschickte Imitation von *Conte del Graal,* v. 1305–1320,[55] wobei der Autor sogar die „forez gastes et soutainnes" verwendet (v. 7225), die so eng mit der Thematik Percevals verbunden sind.[56]

Die Beschreibung des Schlosses in Vers 6663–6671 ist an *Erec et Enide,* v. 2256–2272 locker orientiert.

Darüber hinaus scheint uns aber auch die in der Episode mit der *pucele as manches petites* stark in Erscheinung tretende Vorstellung von einem Ritter, der nicht eingreifen darf, weil er durch ein anderes Ziel in Anspruch genom-

[54] Dieses Argument entfällt natürlich, wenn wir mit Martín de Riquer annehmen, daß der **Gauvain* ein selbständiger Roman Chrétiens sei.

[55] Vers 7229 ist übrigens identisch mit *Yvain,* v. 3777.

[56] Dazu im zweiten Teil unserer Studie.

men ist, den Schüler Chrétiens zu verraten, einen Schüler, der den *Karrenritter* kennt, aber nicht in der Lage ist, dieses feine Netz von Parodie und *sen* nachzuspannen.

Wie schwach ist doch die Argumentation des Gauvain im Vergleich zu den ideellen Gründen, die Lancelot bewegen, die Schmach der Karre auf sich zu nehmen oder die Liebe eines Mädchens, das sich ihm anbietet, zurückzuweisen. Gauvain gibt an, er könne nicht am Kampf teilnehmen, weil er sonst Gefahr liefe, nicht früh genug zum Gerichtstermin zu erscheinen (v. 5095 ff), sitzt aber dabei friedlich in der Nähe des Kampfplatzes und läßt das Turnier seinen Fortlauf nehmen, ohne an Weiterreise zu denken. Gewiß, Gauvain kann nur durch das Tor seinen Weg fortsetzen (*Que par iqui le covenoit Passer ou retorner arriere;* v. 4910 f), aber warum bittet er nicht darum, durch dieses hindurchgelassen zu werden, nachdem er nun schon einmal mit den Leuten spricht und Muße hat, seine Gründe dafür anzugeben, warum er nicht am Turnier teilnehmen kann! In Vers 5196 ff lesen wir noch einmal:

> Que lui et trestoz ses amis
> Porroit honir par sa demore,
> S'il ne pooit venir a ore
> A la bataille qu'anprise a.

Wenn er es aber so eilig hat, warum unternimmt er dann nichts?

Hier sind Schwächen, die u. E. zu erkennen geben, daß der Gauvainautor ein Schüler Chrétiens ist, nicht Chrétien selbst. Die Elemente des Meisters zeigen sich an verschiedenen Stellen, nicht aber das organische Sichfinden zu einem des Chrétien würdigen Romangeschehen.[57] Die naheliegende Erklärung, daß der *Conte del Graal* als unvollendetes Werk Chrétiens Unvollkommenheiten zeigen müsse, reicht u. E. nicht aus, um die beobachtete Diskrepanz zu bei Chrétien Üblichem zu erklären, auch haben wir ja nicht nur auf Schwächen hingewiesen, sondern auf eine andere Kompositionsweise und auf ein neues, bürgerliches Weltbild.

Daß der Gauvainautor am Hofe der Gräfin Marie de Champagne war, und daß er wenige Jahre nach Chrétiens *Conte del Graal* seinen **Gauvain* geschrieben haben dürfte, legt auch das Motiv der *manches* in der Episode mit der *pucele as manches petites* nahe. Andreas Capellanus hatte im *Tractatus De Amore manicae* neben anderen Gegenständen als geeignetes Geschenk bezeichnet, das der *amans,* ohne gegen die *gratuitas* höfischer Liebe zu verstoßen, *a coamante licenter potest accipere,* dies in einem Urteil der Gräfin von Champagne,[58] und eben dieses Geschenk sieht die *pucele as manches*

[57] So wird das im *Conte del Graal* so zentrale Thema des *nice Perceval* vom Gauvainautor für die niedliche *pucele as manches petites* eingesetzt, von der es heißt: *anfes est, nice chose et fole* (v. 5358; vgl. auch v. 5118 und 5420).

[58] Urteil XXI, *De Amore,* S. 293. – Zum *Tractatus De Amore* jetzt F. Schlösser, *Andreas Capellanus, seine Minnelehre und das christliche Weltbild um 1200,* Diss. Bonn, 1959. F. Schlösser legt jedoch den *Tractatus* viel zu sehr auf die Waage

petites als Geschenk für Gauvain vor. In Vers 5417ff hatte ihr der *prodon* empfohlen:

> «... Por ce que sera corteisie,
> Que vos aucune druërie
> Li anvoiiez, ou manche ou guinple.»

Der *prodon* beweist mit diesen Empfehlungen, daß er den Kodex höfischer Liebe nach Andreas Capellanus beherrscht, er weiß, daß *manicae* und *capillarum ligamenta* nebst *orarium, speculum, cingulum* und anderen Toilettengegenständen zu den für das höfische Liebeszeremoniell approbierten Geschenkartikeln gehören.[59] Aber auch Gauvain weiß, was sich in der Liebe schickt, er steckt seiner Schwester den Ring ihres Freundes *an son plus petit doi* (v. 8801), getreu den Vorschriften, die Andreas Capellanus hierfür formuliert hat *(in minuto debet digito collocare)*.[60]

Wenn wir überdies bedenken, daß der Gauvainautor die kirchliche Praxis von Beichte und Kommunion in einer unverhüllten Sprache, die an den Abschluß der Eremitenszene erinnert, in seinen Roman mit hineinnimmt (v. 6974 bis 6979),[61] so scheint sich uns die Einsicht neu anzubieten und zu bestätigen, daß der Verfasser des **Gauvain* ein Schüler Chrétiens ist, der sich zum Ziel gesetzt hat, den unvollendeten **Perceval* des Chrétien von Troyes „fortzusetzen". Er schließt dort, wo Chrétiens kontinuierliche Erzählung abreißt, ein Verbindungsstück an (v. 4688–4746), mittels dessen er zu seinem Helden, zu Gauvain überleitet, baut die von Chrétien entworfene, als Bruchstück erhaltene Eremitenszene, die er „christlich" abrundet und mit einer Einleitung versieht, an einer ihm hierzu geeignet erscheinenden Stelle des **Gauvain* ein, schafft eine Art Einstimmung in sie, indem er kurz vor ihrem Einsetzen das Motiv der blutenden Lanze in die Gauvainhandlung einfügt. Die Eremitenszene unmittelbar nach dem Erscheinen der *dameisele sor la mule* zu bringen, dürften wohl Gründe der Chronologie den Gauvainautor gehindert haben, mußte doch zwischen dem Erscheinen der *dameisele* und der Eremitenszene irgendwie die Vorstellung der Zeit evoziert werden, auch wäre es bedeutend schwerer gewesen, die Gauvainhandlung nach der Eremitenszene anzuschließen, da in dieser Gauvain keinen Anteil hat.

ethischer Grundsätzlichkeit, tut auch nicht gut daran, ihn als die Kodifizierung provenzalischer Liebesdoktrin anzusehen. – Dazu ausführlicher in unserer Studie *Die Liebe in der hochmittelalterlichen Literatur Frankreichs*, in Vorbereitung als Band der *Analecta Romanica*.

59 *De Amore*, S. 293. 60 *De Amore*, S. 294.

61 *Cui j'iroie dire et conter Mes pechiez an confession, Et prandroie comenion: Ja la mort ne redoteroie, Puis que comeniiez seroie Et ma confesse avroie prise.*

Zweiter Teil

Der Conte del Graal und die Schule von Chartres

Einleitung

Wenn man die Sekundärliteratur zum *Conte del Graal* nach ihren Hauptorientierungspunkten sichten wollte, könnte man in ihr Forschungen zu den Quellen, zur Struktur und zum *Sen* unterscheiden, wobei die ersteren und letzteren den bei weitem größten Anteil stellen würden, die Quellenforschungen mit den sie beschäftigenden Fragen nach der Herkunft der verschiedenen Motive, wie etwa des „Rois mahaignies",[1] des *graal*,[2] der „damoisele", die ihn trägt,[3] des *tailleor*,[4] *der Lanze*,[5] daneben die Forschungen zum *Sen*, oft mit ersteren verbunden, aber auch bisweilen sich relativ frei über dem Text des *Conte del Graal* erhebend, wenn etwa der Versuch unternommen wird, den Graalsroman als Allegorie der Bekehrung der Juden zu erweisen[6] oder als Kreuzzugspropaganda.[7]

Wir haben nicht vor, nachdem wir uns im ersten Teil unserer Studie Fragen

[1] Dazu zuletzt M. Riemenschneider, „Li rois mahaignies", *RJ*, IX, 1958, S. 126–138, und Cl. Brunel, Les Hanches du Roi Pêcheur, *Romania*, t. LXXXI, 1960, S. 34–43.

[2] J. Marx, *La légende arthurienne et le Graal*, Paris 1952, S. 241 ff; J. Frappier, „Le Graal et l'hostie", *Les Romans du Graal aux XIIe et XIIIe siècles*, Paris 1956, S. 63–78. A. Micha, „Deux études sur le Graal", *Romania*, t. LXXIII, 1952, S. 462–479, Martín de Riquer, Interpretación cristiana de ‚Li Contes del Graal'", Miscelánea Filológica ded. a Mons. A. Griera, t. II, Barcelona 1960, S. 209–283, S. 251–268. Jetzt auch J. Marx, *Nouvelles recherches...*, a.a.O. S. 196 ff.

[3] M. Roques, Le Graal de Chrétien et la demoiselle au Graal, *Romania*, t. LXXVI, 1955, S. 1–27. – Ein für allemal sei auf die schon zitierten grundlegenden Werke von J. Marx sowie auf R. S. Loomis, *Arthurian Tradition and Chrétien de Troyes*, New York ^{2}1952, verwiesen, erstere enthalten gute Sachregister, letzteres ein Namenregister, wodurch die Orientierung erleichtert wird, weiterhin auf Jean Frappier, *Chrétien de Troyes, l'homme et l'œuvre*, Connaissance des Lettres, Paris 1957, A. C. L. Brown, *The Origin of the Grail Legend*, Cambridge/Massach. 1943, und den zitierten Aufsatz von Martín de Riquer (vgl. Anm. 2). Vgl. jetzt auch noch R. S. Loomis. *The Grail...*, New York 1963.

[4] A. Micha, „Deux Etudes sur le Graal", a.a.O.

[5] R. Feebles, *The Legend of Longinus, and its connection with the Grail*, Baltimore 1910.

[6] U. T. Holmes, *A New Interpretation of Chrétien's Conte del Graal*, Chapel Hill 1948.

[7] Helen Adolf, *Visio Pacis. Holy City and Grail*, Penns. State Univ. Press, 1960.

der Struktur gewidmet haben, uns nunmehr der Quellenforschung zuzuwenden, zum mindesten nicht in oben angedeutetem Sinne eines Versuchs, aufzuweisen, wo die in der dichterischen Gestaltung des *Conte del Graal* verwendeten Realien ihren Ursprung haben. Andere haben hier in hervorragender Weise ihre Kompetenz erwiesen, so daß wir uns darauf beschränken können, jeweils auf ihre Ergebnisse zu verweisen. Auch beabsichtigen wir nicht, in die Diskussion um den *Sen* einzugreifen, indem wir unseren Beitrag zur Klärung der Frage nach dem von Chrétien präzise Gemeinten liefern. Wir werden vielmehr auch hier auf Vorarbeiten zurückgreifen,[8] diese lediglich im Gegenüber mit dem Text Chrétiens auf ihre Probabilität prüfen, unter Umständen auch sagen müssen, daß Chrétien offenbar ganz bewußt sich nicht festlegen will, sondern Mehreres in der Vorstellung des Lesers gleichzeitig evozieren möchte, eine Feststellung, die aber wiederum keinen Anspruch auf Originalität erhebt, da schon J. Frappier wiederholt dieser Überzeugung Ausdruck gegeben hat[9] und auch D. D. R. Owen in einem Artikel zur „Radiance in the Grail Castle" von „ambiguity" spricht.[10] Auch wird es nicht Ziel unserer Untersuchung sein, die Frage nach dem *Sen* des *Conte del Graal* neu zu stellen, weil wir überzeugt sind, daß auch in dieser Hinsicht so Gültiges gesagt worden ist, daß diese Frage nicht neu gestellt werden darf, sondern aufzubauen hat auf dem, was von kompetenter Seite hierzu gesagt worden ist. Es ist nicht möglich, an der These Alexandre Michas vorbeizugehen, wonach der *Conte del Graal* ein Erziehungsroman ist,[11] ebensowenig wie an der von Rita Lejeune überzeugend unterbauten, daß wir im *Perceval* einen Fürstenspiegel sehen dürfen,[12] oder an Erich Köhlers „eschatologischer" Struktur des Graalsromans,[13] ja man wird sagen dürfen, daß selbst der eingeschworenste Keltist die grundsätzliche Gültigkeit der Studien zum „christlichen" *Perceval* anerkennen wird, und wir glauben sagen zu können, daß auch kein Vertreter der „christlichen" These so weit gehen wird, zu vertreten, grundlegende Werke wie die eines R. S. Loomis oder eines J. Marx seien nicht geeignet, für wesentliche Momente im *Conte del Graal* eine gültige Erklärung zu geben.

Unser Ziel wird daher sein, anhand einer Interpretation des *Conte del Graal* und unter Bewußthaltung des von der Forschung hierzu Gesagten und Erreichten zu einer Art Synthese vorzustoßen, sodann, und das wird unser spezifischer Beitrag sein, den Versuch zu unternehmen, den *Conte del Graal* als literargeschichtliches Phänomen zu erfassen und ihn als sich aus dem Ein-

[8] Wir werden hierbei stark auswählen müssen, da eine Berücksichtigung der gesamten Graalliteratur im Hinblick auf die Zielsetzung unserer Studie kaum förderlich sein dürfte.

[9] „Le Graal et l'hostie", a.a.O. S. 69.

[10] „The Radiance in the Grail Castle", *Romania,* t. LXXXIII, 1962, S. 108–117.

[11] „Le Perceval de Chrétien de Troyes, roman éducatif", *Lumière du Graal,* Cahiers du Sud (numéro spécial), 1951, S. 130 ff.

[12] „La date du *Conte del Graal* de Chrétien de Troyes", *MA,* t. LX, 1954, S. 51–79.

[13] *Ideal und Wirklichkeit in der höfischen Epik,* Tübingen 1956, S. 181 ff.

zelnen aufbauende literarische Gesamtstruktur in Werden und Bedeutung darzustellen.

Wie der Titel dieses zweiten Teiles zu erkennen gibt, wird uns dieses Ziel in jene überragende literarische Lehrwerkstatt zurückführen, die schon seit Fulbert von Chartres das literarische Leben Frankreichs entscheidend mitbestimmt und die nicht von ungefähr um die Mitte des 12. Jahrhunderts eine imponierende, den Sektor des Triviums stark umfassende Tätigkeit entwikkelt, im *Heptateuchon* des Thierry von Chartres eine groß angelegte Darstellung der *Artes liberales*[14] liefert und durch Bernardus Silvestris, über dessen *Summa dictaminum* wir nur über Mathäus von Vendôme orientiert sind, in *De Mundi Universitate* zu einer richtungweisenden allegorischen Synthese ausholt, in der die neuplatonische Eschatologie eines Martianus Capella, vermischt mit Elementen aus Boethius, Claudian und wohl auch Prudentius zu neuem Leben erweckt wurde, so daß sie wenige Jahrzehnte später zu neuen und literarisch nicht unwirksamen Formulierungen dieses kosmischen Dramas durch Analus von Lille führen konnte. Demselben Bernardus Silvestris verdanken wir auch ein *Commentum super sex libros Eneidos*, eine Theorie der Allegorese, die, von Macrobius herkommend, von der Dichtung verlangt, daß sie unter dem *figmentum poeticum* die *veritas philosophiae* verberge,[15] die „nach dem Vorbild Vergils" in der Darstellung des *humanus spiritus in humano corpore temporaliter positus*[16] liegt. In Johannes von Salisbury, den A. Clerval den „latiniste le plus pur et le plus gracieux du moyen âge" nennt,[17] hatte diese Schule einen hervorragenden Interpreten ihres moralphilosophischen Anliegens *(Policraticus)*, zugleich aber auch einen beredten Verteidiger ihres humanistischen Bildungsideals *(Metalogicon)*.

Wir hoffen, im folgenden anhand einer Interpretation des *Conte del Graal* zeigen zu können, daß der Blick auf diese Schule und die in ihr kulminierende Tradition uns ermöglicht, die literargeschichtliche Stellung des chrétienschen Graalsromans zu erhellen.

[14] Vgl. A. Clerval, *Les Ecoles de Chartres au Moyen-Age*, Paris 1895, S. 222 ff, sowie ders., „L'enseignement des arts libéraux à Chartres et à Paris dans la première moitié du XIIe siècle d'après l'Heptateuchon de Thierry de Chartres", *Congrès scientifique international des catholiques*, Paris 1889, II, S. 277–296. – Allgemein zur Schule von Chartres auch E. R. Curtius, *Europäische Literatur und lateinisches Mittelalter*, ^{2}1954, Kapitel 6.

[15] Ed. G. Riedel, Gryphiswaldae, 1924, S. 1, 3 ff (Einleitung). – Zur Nachwirkung des Macrobius im Mittelalter M. Schedler, *Die Philosophie des Macrobius und ihr Einfluß auf die Wissenschaft des christlichen Mittelalters*, Beitr. z. Gesch. d. Philos. d. Mittelalters, Bd. XIII, Heft 1, 1916. M. Schedler berücksichtigt jedoch nicht den Bereich der Literatur im engeren Sinne, so daß auch das *Commentum* unerwähnt bleibt.

[16] Zitierte Ausgabe, S. 3, 13 f.

[17] *Les Ecoles de Chartres*, a.a.O. S. 230.

ERSTES KAPITEL

Der Sohn der *Gaste Forest Soutainne*

An einem schönen Frühlingsmorgen macht sich „der Sohn der Witwe" auf, um nach den Knechten seiner Mutter zu sehen, die auf dem Felde arbeiten. Dies ist zum mindesten sein konkretes Ziel, hinter dem man schon ein schicksalhaft Anderes ahnt, das sich in *tote riens de joie anflame* (v. 73) kundtut und in dem so imponierend breit angelegten *Que li filz a la veve dame | De la gaste forest soutainne | Se leva* (v. 74 ff). Es geht hier um mehr als um den Besuch von Knechten auf dem Felde, es geht geheimnisvollerweise schon darum, daß sich Perceval aus der „gaste forest soutainne" löst. Es ist an ihn der Ruf eines höfischen Elementes ergangen, der „joie", die alles entflammt. Chrétien in seiner vorbildlichen Ökonomie des Wortes, seiner Diskretion, die den Dingen die Sprache einhaucht, sie zur lebendigen Sprache werden läßt, anstatt ihr Warum in die Reflexion zu heben, sagt dies nicht, der Text suggeriert es viel wirkungsvoller über das Zeichen. Zwischen „de joie anflame" und „de la gaste forest soutainne se leva" besteht eine wesenhafte Analogie.[1] Perceval ist objektiv gerichtet, „Il pansa que" (v. 81), aber er steht schon unter dem Appell eines Lichtes, das sich ihm im Aufbruch des Frühlings mitgeteilt hat und das über das Objekt seines Denkens weit hinausreicht.

Doch verweilen wir noch bei dem Zuhause des Perceval; es ist der Wald, der einsame, unhöfische Wald, aber auch der ungeformte *(gaste)*, es ist das Stoffliche, das Ungeordnete, Mächtige.

Dieser Wald ist, wie M. Gsteiger betont, nicht etwa, wie im *Erec*, ein „Abenteuerwald", sondern ein „wilder und öder Wald", ein Bild, das „überraschend neu und unverbraucht ist".[2] M. Gsteiger sieht daher das Bild des Waldes im *Conte del Graal* als aus inneren Gründen verwendet, als parallel zur Situation Percevals, der sein Leben noch nicht bewußt lebt, seine Aufgabe noch nicht erkannt hat, der arm und unwissend ist.[3]

Die Erklärung wirkt sehr einleuchtend und hat gewiß viel für sich, aber auf der anderen Seite ist doch zu bedenken, daß Perceval, auch nachdem er Ritter geworden ist, sich ganz eindeutig für den Wald entscheidet (*Si se met es forez soutainnes;* v. 1703) und daß auch der Fischerkönig von seinem Haus sagt, es liege *pres de bois* (v. 3034).

Die *gaste forest* scheint mir daher nicht in akzidenteller, situationsbedingter Beziehung zu Perceval zu stehen, sondern in einer wesenhaften Analogie zu seiner menschlichen *conditio*. Der Wald ist das Element, aus dem Perceval

[1] M. Gsteiger (a.a.O. S. 116) sieht mit Recht in dem hier zugrundeliegenden „Natureingang" ein „Symbol des erwachenden Lebens". Dazu auch M. Stauffer, *Der Wald. Zur Darstellung und Deutung der Natur im Mittelalter,* Diss. Zürich 1958, S. 106.

[2] Ebda., S. 115. [3] Ebda., S. 116.

hervorgegangen ist, ja aus dem er besteht; es ist sein Zuhause und sein Seinsgrund; es ist jene ungeprägte Stofflichkeit, die auch in ihm auf das formende Prinzip angewiesen ist und auf die Gnade, um Träger des Geistes zu werden und Frucht zu bringen; es ist jene *Hyle,* die Bernardus Silvestris nicht von ungefähr im Bild des Waldes *(silva)* faßte.[4]

Perceval ist der Sohn dieser Silva, er ist selbst *silva,* und so kann auch sein Verlassen des Zuhauses seiner Mutter (*Fors del manoir sa mere issi;* v. 80) nur ein akzidentelles sein, es begleiten ihn die Insignien des Sohnes der *gaste forest,* die drei Speere als Wurfgeschosse des ungeprägten, im Vergleich zum höfischen noch stofflichen Menschen.

Er tritt wieder in Wald ein (v. 85), und hier wiederholt sich der Anruf des Höfischen, der schon über die Jahreszeit an ihn ergangen war. Er hört die Vögel singen, daß es ihm das Herz im Leibe[5] freut.

Seine Reaktion bleibt jedoch die des Sohns der *Hyle*:

Totes cez choses li pleisoient. (v. 90)

Mit naiver Selbstbezogenheit läßt er das ihn umgebende Schöne auf sich einwirken, ohne seinen – in einem höfischen Roman unumgänglichen – Verweischarakter zu empfinden, ohne zu fühlen, daß er in die innere Logik einer neuen Welt eingetreten ist, daß er durch „Natureingang“ und „Sichpaaren der Vögel“ in die Gesetzmäßigkeit einer Welt eingefangen wird, die ihn zur Höfischkeit führt. Perceval tut scheinbar nichts, um auf diesen lockenden Anruf zu antworten, er reagiert rein kreatürlich, nimmt seinem Pferd die Zügel ab und läßt es im frischen Gras weiden. Er selbst vergnügt sich damit, in absoluter Zielentbundenheit seine Wurfspieße zu verschießen, einen nach hinten, einen nach vorn, einen noch oben, einen nach unten, er genießt in absoluter Sinnentleerung ekstatisch seine stoffliche Gegenwart.

In diese absolute, ungerichtete Bereitschaft treten nun die fünf Ritter, zunächst nur als Laut und nicht einmal als ein ihnen wesentlich zugehöriger, sondern als Lärmen ihrer Waffen:

Et mout grant noise demenoient
Les armes de çaus qui venoient, (v. 104)

Chrétien de Troyes spricht aus der stofflichen und zugleich absoluten Perspektive des Perceval, er löst die Kausalität des Geschehens vom Menschen ab und verlegt sie ins Bewegte: die Waffen führen einen Heidenlärm auf, die Lanzen schlagen gegen die Schilde. Er erreicht dadurch eine geradezu kategoriale, weil vom Anstoß abgelöste Gegenwart des Dinglichen, qualifiziert

[4] Man beachte in diesem Zusammenhang, daß auch vom Gesicht Blancheflorens gesagt wird, es sei wie von Menschenhand aus Holz *(fust)* gearbeitet (v. 1816 f). Auch dort also wird die überwundene Spannung zwischen Materie und Form gesehen.

[5] Zu „ventre“ als Sitz des Herzens vgl. Zara P. Zaddy, „Chrétien de Troyes and the Localisation of the Heart“, *Romance Philology,* XII, 1958/59, S. 257 f. Zara Zaddy verweist auf Mundinus (*Anatomia,* ed. 1541, p. 2), der drei „ventres“ unterscheidet; „ventre“ ist also ganz einfach mit „Brust“ gleichzusetzen.

aber gleichzeitig für den mit der Herkunft des Lärmens vertrauten Leser die Ritter als wenig diskret.

Diese negative Selbstqualifizierung des Ritterlichen wird auf den ersten Augenblick überraschen, Chrétien legt offenbar Wert darauf, die Welt des Ritters nicht als unbedingt positiv einzuführen. Das, was da durch den Wald *(gaut)* kommt, ist in seiner Beweiskraft für die geistige Struktur der ritterlichen Welt keineswegs überzeugend, das aufdringliche Lärmen der Waffen gewiß keine Empfehlung im Sinne der Höfischkeit.

Man gewinnt fast den Eindruck, als solle dieses herannahende Ritterliche als im letzten der *Hyle* verwandt, als im Grunde auch stofflich gekennzeichnet werden.

Perceval reagiert sehr natürlich auf die ihn nur als Laut erreichende Gegenwart der Ritter:

«... Par m'ame,
Voir me dist ma mere, ma dame,
Qui me dist que deable sont
Plus esfrée que riens del mont...» (v. 116)

Das müssen Teufel sein, denn seine Mutter hat ihn gelehrt, daß die Teufel das Lärmendste (nach *V* das Häßlichste) auf der Welt seien. Perceval assoziiert als rein kreatürlicher Mensch das Unangenehme mit dem Bösen, wobei seine Identifizierung des Bösen mit dem Teufel allerdings schon einen, wenn auch primitiven, Grad der „eruditio" verrät, in dem P. Imbs durchaus zu Recht ein „enseignement authentiquement chrétien" erkennt.[6] Chrétien ist sogar sichtlich bemüht; im Terminus festzuhalten, daß es sich um ein „enseignement" gehandelt hat (v. 117: *anseignier*, v. 119: *anseing*).

Perceval hat ein religiöses „enseignement" erhalten, und dieses „enseignement" hat ihn dazu geführt, das Schöne in naiver Weise mit dem Göttlichen zu identifizieren, wo immer es ihm begegnet, und es anzubeten:

«... Et si dist ma mere meïsme
Qu'an doit Deu croire et aorer
Et sozploiier et enorer:
Et je aorerai cestui
Et toz les autres avuec lui.»

Perceval unterscheidet nicht substantiell zwischen Gott und den Engeln; er betet sie kurzerhand alle an[7] und dies – ohne es zu wissen – im sich bietenden Kreatürlichen, das nach chartrescher Lehre den göttlichen Nus in sich trägt.

[6] P. Imbs, „L'Elément religieux dans le Conte del Graal de Chrétien de Troyes", *Les Romans du Graal dans la littérature des XIIe et XIIIe siècles*, Paris 1956, S. 31–53, ebda., S. 47, Anm. 8. – O. Jodogne „Le sens chrétien du jeune Perceval dans le *Conte du Graal*", *Les Lettres Romanes*, XIV, 1960, S. 111–121, der im übrigen mit P. Imbs übereingeht, glaubt, sagen zu müssen, daß man dieses „enseignement authentiquement chrétien" nicht an den von P. Imbs angeführten Stellen finde, sondern erst in „Belrepeire".

[7] Die meisten Manuskripte bringen diese Tatsache, die der Text unzweideutig zu

Maintenant vers terre se lance
Et dit trestote sa creance 156
Et oreisons que il savoit,
Que sa mere apris li avoit.

Er stürzt als „homo naturaliter religiosus“ vor dem im Schönen erscheinenden Göttlichen zu Boden und nimmt seine Zuflucht zu den Gebeten, die seine Mutter ihn gelehrt hat.

Leonardo Olschki glaubt hieraus schließen zu können, daß Perceval ein Manichäer sei und daß seine Mutter ihn im Geiste jener Sekte erzogen habe, nach der das Prinzip des Bösen und das des Guten einander gegenüberstehen als Spirituelles und Materielles.[8] L. Olschki verwendet diese Beobachtung im Sinne seiner, inzwischen von Pierre Galais bestätigten und weiterentwickelten These, nach der die Familie des Fischerkönigs die Sekte der Manichäer darstellt, der die „Katholiken“ der Artusrunde gegenüberstehen und wonach wir (dies ist der spezifische Anteil von Pierre Galais) in der Graalsburgszene einen Fischerkönig erleben, der auf die Frage des Perceval wartet, um die Konversion der Manichäerfamilie einzuleiten.[9]

Uns scheint es jedoch bei der Erscheinung der Ritter, von der wir ausgingen, wie auch weiterhin im *Conte del Graal* nicht angebracht, eine solch ausgeprägte manichäistische Linie für die Familie des Fischerkönigs und damit auch für Perceval anzusetzen. Gewiß werden in oben besprochener Szene zwei Prinzipien einander gegenübergestellt, aber beide treten über das Medium der Stofflichkeit in Erscheinung, ja das Göttliche erweist sich sogar durch eine am Stofflichen ablesbare Qualität aus, durch Schönheit. Perceval ist kein Manichäer, das dürfen wir seinem *par le Sauveor ... an cui croi* (v. 172 f) ruhig entnehmen, er ist „homo naturaliter religiosus“, ein Mensch, dem die Mutter ein paar handfeste religiöse Begriffe mit auf den Weg gegeben hat, und als solcher inkarniert er, ohne es zu ahnen, den Pantheismus von Chartres, erweist sich, in Übereinstimmung mit Chartres, als Neuplatoniker, der unbekümmert das Schöne mit dem Göttlichen gleichsetzt.

Noch eines scheint uns an dieser „Erscheinung des Göttlichen“, die, am Anfang des *Conte del Graal* stehend, an die Erscheinung der „Natura“ in *De Planctu Naturae* oder an die der Philosophie in *De Consolatione Philosophiae* erinnern mag, bedeutsam. Das göttlich Geglaubte ist in Wirklichkeit das Ritterliche, und diese Welt, vor der Perceval in Anbetung zu Boden stürzt,[10] löst den Schrecken des jungen Menschen mit den gleichen Worten,

erkennen gibt, auch im Terminus zum Ausdruck: *Et toz ses (les C T V) anges B C H L M Q R T U V | apres lui T.*

[8] Leonardo Olschki, „Il castello del Re Pescatore e i suoi misteri nel Conte del Graal di Chrétien de Troyes“, in *Atti dell'Accademia Nazionale dei Lincei,* CCCLVIII, 8e s., t. X, 1961. S. 101–159.

[9] Pierre Gallais, „Perceval et la conversion de sa famille“, *CCM,* IV, 1961, S. 475 bis 480.

[10] So auch Alanus ab Insulis vor „Natura“: ...in faciem decidens, mentem, stupore

mit denen Christus den Jüngern nach seiner Auferstehung begegnete, „Fürchtet Euch nicht“:[11] „Vaslez, n'aies peor.“[12]

Es liegt daher die Annahme nahe, daß Chrétien die Parallelität zwischen Göttlichem und erscheinendem Ritterlichen bewußt einsetzt, um das Rittertum in seinem hohen Anspruch auf Auserwählung und göttliche Sendung zu kennzeichnen, bezeichnet doch auch Gornemant später den Ritterstand als „la plus haute ordre avuec l'espee“.[13]

Perceval bemerkt nicht, daß sich dieses Ritterliche recht menschlich gibt, daß es sehr konkret horizontal gerichtet ist, im Gegensatz zu ihm, dem jungen Perceval, seiner ekstatischen Vertikalität des Suchens. Vertikale und Horizontale begegnen hier einander, schneiden sich in einer komischen Vertauschung der Rollen und Gewichte. Das Vertikale als das letztlich Gottbezogene steht in anbetender Haltung vor einem, das sich dem Auge des Lesers längst als horizontal, als noch nicht göttlich und auch nicht gottbezogen enthüllt hat. Perceval begegnet einer Stufe, die für ihn als dieser Stufe nicht gewachsenen Menschen als ein „oben“, ja als das „oben“ erscheinen muß.

Perceval hat hier etwas von der Rolle eines „Candide“, eines unbekümmerten, naturhaften, naiven Menschen, der geradezu durch seine der begegnenden Wirklichkeit unangemessene Bewunderung derselben diese hervorragend charakterisiert.[14] Perceval ist im Vergleich zu diesen konkret gerichteten Rittern der *homo philosophus*, denn er ist im Besitz der *simplicitas qua discentium intelligentia plurimum adiuuatur*,[15] zeichnet sich durch die philosophische Grundhaltung des *studium quaerendi* aus.[16] Er weiß mit sicherem Instinkt, daß diese hohe Stufe, die ihm begegnet, sich ihm nur im Lehren offenbaren und er sie nur als Lernender erreichen kann, und so finden wir ihn ganz im Bezug des Lernbegierigen, des Fordernden, der wissen muß, was ihm hier begegnet. Er merkt in dieser absoluten Ausgerichtetheit auf das für ihn in diesem Augenblick Wesentliche gar nicht, daß dieses angebetete Oben an *ihn* Fragen richten will, daß es ganz einfach wissen möchte, ob dort fünf Ritter und drei Mädchen vorbeigekommen sind. Perceval bleibt der absolut seinem Ziel Hingegebene. Er ist ganz Frage, ist Offenheit, steht in der Grundhaltung des vertikal gerichteten Menschen. Die Erscheinung der Ritter ist für ihn eine Offenbarung des Höheren, wie für Boethius die der Philosophie, für Alanus von Lille die Gestalt der Natura.

vulneratus, exui, totusque in exstasis alienatione sepultus, nec vivus, nec mortuus inter utrumque laborabam (PL 210, 442 A). – Man wird nicht umhinkommen festzustellen, daß Perceval mehr religiösen Bonsens entwickelt.

[11] Joh. 6, 20; vgl. Mt.14, 27, Lk. 24, 36. [12] *Conte del Graal*, v. 171.

[13] Ebda., v. 1635.

[14] Daß im *Perceval* „die ständische Autonomie unhaltbar geworden ist“, betont schon E. Köhler, *Ideal und Wirklichkeit in der höfischen Epik*, Tübingen 1956, S. 182.

[15] *Ioannis Saresberiensis Episcopi Carnotensis Policratici libri VIII*, VII, 13, 667 b, éd. C. C. I. Webb, Oxonii 1909, t. II, S. 146.

[16] Ebda., 666 d, S. 145.

Perceval kann aber nur so wesentlich, so philosophisch sein, weil er der *filz de la gaste forest* ist, der naiv Äußeres mit Innerem assoziiert, der ohne Rücksicht hinhorchen kann, der nicht *les lois* (v. 236) kennt, die für die zwischenmenschlichen Beziehungen gelten und die solch absolute Perspektive unmöglich machen.

Köstlicher Humor tritt uns entgegen, wenn der Ritter vergebens sich müht, aus diesem unentwegt fragenden jungen Mann eine im Zusammenhang objektiven Zieldenkens stehende Antwort zu bekommen, aber dieser Humor bezweckt ein sehr Wesentliches. Dieser rein kreatürliche Mensch, der in den Augen des Ritters nur ein Waliser *(Galois)* und das heißt ein auf der Stufe des Tieres stehender Mensch ist (*Cist est aussi come une beste;* v. 245), *petit senez* (v. 281) und *nice* (v. 681), hat die Möglichkeit, das selbstherrliche Oben des Rittertums in eine es unwillentlich einordnende und einstufende Perspektive zu nehmen.

Perceval kann den Ritter fragen, ob er mit seinen Waffen auf die Welt gekommen ist: *Fustes voz einsi nez?*[17] Er entlarvt damit, freilich ohne sich dessen gewahr zu werden, das den Ritter so augenscheinlich zum Ritter Machende als akzidentell, als hinzugekommen. Perceval stößt durch diese Frage auf etwas sehr Wesentliches, auf die Gestiftetheit des Ritterlichen, auf die Tatsache, daß es da eine Schule der Ritterlichkeit gibt und einen Menschen, König Artus, der den Adel des Rittertums verleiht. Das absolute Oben gerät in Bewegung, differenziert sich, verrät durch seinen Charakter der Gestiftetheit die Herkunft aus einem zum mindesten relativen „unten". Eine Desillusionierung findet, dem Perceval selbst nicht einsichtig, statt, und seine Mutter wird sie wenig später in eine prägnante Formel bringen, die nichts an Deutlichkeit zu wünschen übrig läßt:

> Ne n'est mervoille, ce m'est vis,
> S'an ne set ce qu'an n'a apris; 524
> Mes mervoille est quant an n'aprant
> Ce que l'an ot et voit sovant.

Die ritterliche Tüchtigkeit ist also, so wird hier proklamiert, eine Frage des „enseignement", eine des Lernens durch Praxis und Unterricht, nicht eine des von Gott oder irgendeiner unantastbaren Autorität gegebenen Adels. Die Ritterlichkeit wird erreichbar für den *filz de la gaste forest*, für den stofflichen, ungeprägten Menschen.

Perceval hat dies begriffen und geht, es seiner Mutter zu berichten, die ganz entsetzt ist, daß ihr Sohn zum König Artus will, um ein Ritter zu werden.

Das Rittertum, das Perceval schon gleich zu Beginn unter dem Vorzeichen des Teuflischen, dann des Göttlichen erschien, erhält also hier noch einmal aus der Sicht der Mutter recht düstere Farben, ist keineswegs ein um jeden Preis Wünschenswertes, sondern das Gefährliche, das nicht mit der Gesetzlichkeit eines ästhetischen Systems sich selbst lebender Gesittung notwendigerweise

[17] *Conte del Graal,* v. 282.

zum Guten, zu Ansehen, zu Ehre führt, sondern das gerade dann, wenn seine Glieder sich um *enor* und *proesce* bemühen, zum Untergang führt:

> Mes li meillor sont decheü,
> S'est bien an plusors leus seü
> Que les mescheances avienent
> As prodomes qui se maintienent
> A grant enor et an proesce.

Man möchte meinen, einen Marcabru zu hören, sich in seiner Weltuntergangsstimmung zu bewegen und nicht in einem Roman Chrétiens. Zeigt sich hier, daß der *Conte del Graal* der letzte Roman Chrétiens ist, ein Roman, der daher schon Auflösungserscheinungen im Bereich des Höfischen aufweist, es nicht mehr als eine sich selbst genügende, geschlossene Erscheinung vorstellt? Zeigt sich hier die „Ideal-Wirklichkeitsspannung", die nach Erich Köhler im *Conte del Graal* „das Versagen der Erziehungs- und Ordnungsmacht Liebe besagt" und damit die Infragestellung der ideellen Grundlage des Rittertums bedeutet? [18]

Nahe liegt der Hinweis auf die Artussagen, in denen von den Sachsen verdrängte Bretonen ihre Hoffnung auf eine Wiedererrichtung ihres Reiches darstellen und die daher verständlicherweise den Ritterstand (und das heißt in diesem Fall den bretonischen) als ins Exil geführt und seiner Macht und seines Glanzes beraubt konzipieren.[19] Die Annahme eines Einflusses von dorther liegt um so näher, als Percevals Mutter im weiteren Verlauf ihrer Rede berichtet, daß Percevals Vater zusammen mit anderen Edelmännern des Artuskreises beim Tode Uterpandragons, des Vaters von König Artus, verarmt ins Exil gegangen sei (v. 442 ff).

Dieser Hinweis erklärt aber im Grunde nicht viel, denn schließlich haben die Artussagen nicht erst kurz vor Entstehen des *Perceval* diese Färbung der Trauer angenommen, und Chrétien de Troyes bewegt sich schon lange im Bereich des Artuskreises.

Erich Köhler hat nun im Zusammenhang mit seiner schon erwähnten These den *Yvain* mit in Erwägung gezogen und festgestellt, daß sich schon in ihm Vorboten einer weniger absoluten Geltung des höfischen Ideals zeigen. Diese Beobachtung ist grundsätzlich richtig, bleibt jedoch zu sehr im Bereich der Äußerungen zur Thematik der Liebe,[20] auf dem Klagen über den Fall der Sitten kaum mehr als typologische Bedeutung zukommen, waren sie doch

[18] *Ideal und Wirklichkeit*, a.a.O. S. 182. – Erich Köhler möchte in diesem Sinne auch Gauvain als Helden des von uns für „apokryph" erklärten Teil des *Conte del Graal* erklären: „Der Gauvain-Teil des Gralromans demonstriert das Versagen der in der höfischen Liebe zusammengefaßten autonomen Gesittung, deren allseitige Verbundenheit selbst von ihrem edelsten Repräsentanten ständig durchbrochen wird" (ebda.).

[19] Dazu D. De Séchelles, „Le mythe arthurien dans le thème du Graal", *Romania*, LXXVIII, 1957, S. 182–198.

[20] A.a.O. S. 174 ff.

durch Marcabru und andere sehr akut geworden. Diese provenzalische Herkunft des Motivs ist unüberhörbar, wenn man am Anfang des *Yvain* liest:

> Ore est amors tornee a fable
> Por ce que cil qui rien n'an santent,
> Dïent qu'il aimment, mes il mantent,
> Et cil fable et mançonge an font,
> Qui s'an vantent et droit n'i ont.[21]

Überdies muß beachtet werden, daß im Bereich der Liebe Auseinandersetzungen zwischen verschiedenen Schulen laufen, so daß eine Absage an die Liebe nicht unbedingt gleichbedeutend mit Absage an ritterliche Liebe ist, sondern unter Umständen nur eine Distanzierung von der überspitzten Ideologie der „höfischen Liebe nach provenzalischer Art".[22]

Uns scheinen aber im *Yvain*, den wir schon oft im Zusammenhang mit dem *Conte del Graal* zitieren konnten, andere Akzente zu sein, die direkt zur Thematik des *Conte del Graal* hinführen. Es tut sich in ihm an einigen Stellen eine Art ideeller Perspektivismus kund, eine Einsicht in die Möglichkeiten, die dem Schwachen gegeben sind, zusammen mit der Erkenntnis, wie gefährdend Stärke und Leben in der Freude sein können:

> «... Tant con li hon a plus apris
> A delit et a joie vivre,
> Plus le desvoie et plus l'enivre
> Diaus, quant il l'a, que un autre home;
> Uns foibles hon porte la some
> Par us et par acostumance,
> Qu'uns autre de greignor puissance
> Ne porteroit por nule rien.»

Nicht von ungefähr tritt uns hier auf der Seite jener Stärke, die Schwäche und Dekadenz verbirgt, das Schlüsselwort der Höfischkeit, *joie*, entgegen, und ebensowenig ist es Zufall, wenn diesem Begriffe wie *us* und *acostumance* gegenüberstehen, Begriffe, die unmittelbar in die Rolle des „enseignement" einmünden, wie es die Mutter Percevals sieht.

Der *Conte del Graal* ist in diesem Punkt eine Frucht konsequenter Entwicklung, die sowohl durch den Gedanken an die Gefährlichkeit des Glücks als auch durch *us* und *acostumance* eindeutig als durch humanistische Vorstellungen gefördert ausgewiesen sind. Das Rittertum, diese in sich ruhende, geschlossene Welt von Riten und Werten, wird hier in eine äußere Perspektive genommen. Sie wird von einem ihr unterlegenen Menschen, dem Sohn des Waldes, in eine bewundernde, aber zugleich relativierende Sicht eingespannt, die das Gestiftetsein des Bewunderten beleuchtet und zugleich die Möglichkeit erkennen läßt, auf dem Weg über das „enseignement", das theoretische wie das praktische, in diese Welt und über diese Welt hinaus vorzustoßen. Stän-

[21] Chrétien beginnt auch die Percevalhandlung mit einem aus provenzalischer Literatur bezogenen Topos, einem „Natureingang"; vgl. auch *Yvain*, v. 5394 f.

[22] Dazu ausführlich in unserer Studie *Die Liebe in der hochmittelalterlichen Literatur Frankreichs.*

disch gesehen wäre dies ein ungeheures Wagnis, aber Chrétien nimmt die Möglichkeit, es als ein solches zu interpretieren, insofern er einen Helden vorführt, der zwar Sohn des Waldes ist, aber kraft seiner Geburt standesmäßig den Rittern durchaus ebenbürtig. Immerhin bleibt die Perspektive, aus der im *Perceval* das Rittertum betrachtet wird, beachtlich.[23]

Woher mag Chrétien diese für einen höfischen Dichter sehr überraschende Perspektive, die im *Yvain* präludiert wird, bezogen haben?

Es liegt nahe, hierfür den Blick zu jener Schule zu wenden, in der von Martianus Capella, Boethius und Macrobius inspiriertes eschatologisches Denken die *Artes* in eine diese letztlich überwindende, aber zugleich als Stufen bestätigende vertikale Bewegung reißt, in der versucht wird, den Menschen von den *nugis curialium* auf die *vestigia philosophorum* zu führen,[24] wo humanistisches Denken Glück, Reichtum und äußere Pracht als gefährdend hinstellt,[25] und man ihm gegenüber zu dem Ideal eines *homo philosophus* aufruft, der die *exteriora mendacia* durchstößt und die Wahrheit der Dinge erkennt,[26] zum Ideal der Simplicitas, des Studium quaerendi.[27]

Eine solch philosophische, auf den Kern der Erscheinungen gehende Perspektive kann das Höfische nicht als sich selbst genügenden Kosmos akzeptieren, für sie führt die *strata regia* der Tugend weiter,[28] für sie kommt sie aber auch schon von weiter her, hat ihren Ursprung in jener *Silva,* deren Sohn Perceval ist, im Vorhöfischen, Elementaren.

23 Eine Lockerung in der ständischen Ordnung, die Einführung einer Art gleitenden Prinzips zeigt sich auch bei Andreas Capellanus, bei dem es heißt *sola ergo probitas est digna corona* (*De Amore,* a.a.O. S. 18). – Die Entwicklung dürfte durch den Humanismus von Chartres gefördert worden sein, ist doch auch nach Johannes von Salisbury *sola honestas* ein *bonum* (*Policr.*, VIII, XV, 772c; C. Webb, II, 335).

24 Der Untertitel des *Policraticus* lautet bekanntlich: *De Nugis Curialium et Vestigiis Philosophorum libri VIII.*

25 ...nichil perniciosius esse arbitror, quam quod... fortunae blandientis illecebra aspectum subtrahit ueritatis, dum diuitias suas et delicias congerit mundus... ut animus ... ab interiore bono deficiens per exteriora mendacia uariis concupiscentiis euagetur (*Policr.*, I, 1,389a–b; I, S. 18).– Zur Beliebtheit dieses Topos reichliche Belege bei Kl. Heitmann, *Fortuna und Virtus,* Köln-Graz 1958, S. 150–152.

26 Ein zweifellos von Macrobius herrührender Gedanke, den wir im *Commentum Bernardi Silvestris super sex libros Eneidos Virgilii* im von Macrobius vermittelten Zusammenhang mit der Theorie der Allegorie vorfinden.

27 Vgl. Zitate weiter oben, Anm. 15f.

28 ...*strata regia scinditur in semitas multas. Haec autem uirtus est; nam nisi per uirtutem nemo ad beatitudinem pergit* (*Policraticus,* VII, 8, 651b; II, 118). – Auch dieser Gedanke führt zu Macrobius zurück: *Solae faciunt virtutes beatum, nullaque alia quisquam via hoc nomen adipiscitur* (*Comm. in Somn. Scip.*, I, 8, 3; vgl. auch Plotin, *Enn.*, I, 2, 1). Zum Einfluß von Macrobius im Mittelalter vgl. M. Schedler, *Die Philosophie des Macrobius und ihr Einfluß auf die Wissenschaft des christlichen Mittelalters,* Beitr. z. Gesch. d. Philos. d. Mittelalters, XIII, 1, 1916.

So kann dieser junge Mann, der alle Zeichen des Rudimentären trägt, von seinem Zuhause Lehren mitbekommen, die ihm helfen sollen auf dem Weg zum Rittertum, die aber im Grunde noch weiter reichen. Die Mutter legt nämlich ihrem Sohne neben der Mahnung, sich den Damen gegenüber ritterlich zu verhalten, nahe, Kirchen und Klöster zu besuchen, um den Herrn anzubeten. Dies soll ihm Ehre in dieser Welt einbringen (*Qu'an c'est siecle vos doint enor*; v. 570) und ihn zu einem guten Ende führen *(Qu'a bone fin puissiez venir;* v. 572).

Die Mutter gibt ihrem Sohn Ratschläge mit, die das ganze Leben umfassen und es viel absoluter sehen, als daß der Rang des Ritters in ihnen noch ein Eigenzweck sein könnte. Die Mutter scheint sogar das „enseignement", das ihr Sohn braucht, um ein Ritter zu werden, recht gering anzuschlagen gegenüber ihrem sehr viel wesentlicheren, denn in diesem Zusammenhang fallen ihre Bemerkungen darüber, daß es kein Wunder sei, wenn man weiß, was man gelernt hat, und daß es zum Lernen genügt, wenn man hört und sieht (v. 523 ff).

In diesen Lehren wird also der Weg des Perceval schon vorausgewiesen, werden diesem Weg schon Akzente gesetzt, die das Werk bestätigen wird.

Die Exposition ist nun gegeben, das Ritterliche und das Spirituelle sind als Ruf an Perceval ergangen, und Perceval antwortet mit einem eindeutigen Ja auf seine Berufung, er reitet aus, um sich am Hofe König Artus' die Waffen des Ritters geben zu lassen. Er läßt sich durch nichts zurückhalten, auch als er sieht, daß seine Mutter, die ihm ein kleines Steinchen nachgeworfen hat, ohnmächtig zu Boden sinkt, kehrt er nicht um.

Der *filz de la gaste forest* begeht so seinen ersten Fehler, indem er eine Dame, seine Mutter, am Boden liegend zurückläßt; sein Ausritt beginnt mit einer Schuld, und diese Schuld liegt in der Tatsache des Ausritts selbst begründet.[29] Doch folgen wir nunmehr dem Sohn des Waldes auf seinem Ritt; und er ist noch der Sohn des Waldes, das ist unverkenntlich.

Die Nacht hat er im Walde verbracht (*An la forest cele nuit jut;* v. 633), und am Morgen, als ihn der Gesang der Vögel geweckt hat, steigt er aufs Pferd und reitet, bis ein Zelt seine Aufmerksamkeit auf sich lenkt. Das Zelt ist auf der einen Seite rot, auf der anderen mit Gold besetzt, ein goldener Adler krönt es. Rot fällt die Sonne auf diesen Adler, der mit den sich an ihm reflektierenden Strahlen die Wiesen ringsum hell erleuchtet.

Der *filz de la gaste forest* zieht seine Konsequenz:

> «Deus! or voi je vostre meison.
> Or feroie je mesprison, 656
> Se aorer ne vos aloie.

Er identifiziert das Schöne mit dem Göttlichen, wie er dies schon zuvor in der Begegnung mit den Rittern getan hatte, und erinnert sich an die Weisungen

[29] Zur hierin liegenden Schuldproblematik vgl. weiter unten.

seiner Mutter, in denen ihm nahegelegt wurde, sogar *sor tote rien*, daß er in den Kirchen Gott anbeten solle. Pflichtbewußt schickt er sich daher an, die gemeinte Kirche zu betreten, wobei man es seiner mangelnden religiösen Praxis[30] zugutehalten muß, wenn er zu Pferde hineinreitet.

War aber im ersten Fall das göttlich Geglaubte ein absolut Profanes, das ausschließlich über seine schöne Erscheinungsform für Perceval die Vorstellung des Heiligen und Göttlichen wecken konnte, so hat doch Perceval in diesem Fall schon mehr Grund, sich einem Heiligen gegenüber zu glauben. Chrétien kommt ganz offensichtlich dem Irrtum Percevals entgegen, indem er das Zelt mit einem goldenen Adler krönt, denn, wie M. Amelia Klenke mit Recht vermerkt hat, ist in der heiligen Schrift vom „Adler auf dem Haus des Herrn" die Rede.[31] Chrétien stiftet bewußt eine Analogie zum „Zelt Gottes", wie auch die Farben des Zeltes und der vom Adler ausgehende Glanz nahelegen.

Perceval tritt also in das Zelt ein, um den Herrn anzubeten und ihn um das tägliche Brot zu bitten. Er findet in dem Zelt ein schlafendes Mädchen vor, das auf einem Strohlager liegt und wohl noch weiter geschlafen hätte, wenn nicht das Pferd des *filz de la gaste forest* in diesem Augenblick so stark gewiehert hätte, daß das Mädchen es hörte und davon aufwachte.

So wie Perceval in den Rittern Gott angebetet hat, so hat er also hier, zum mindesten konkret, das Mädchen als seinen Herrn und Gott angebetet.

Warum stiftet Chrétien diese komischen Verwechslungen? Sind sie nur humorvolle Beigabe, Beleg für sein Erzählertalent?

Wir glauben im Falle der Ritter die Annahme erhärtet zu haben, daß Chrétien durch die auf Grund eines Irrtums zustandekommende Perspektive des naiven Perceval die Verehrung des Rittertums als des höchsten und selbstherrlichen darstellt und zugleich parodistisch relativiert. In der Szene mit dem Zeltfräulein geschieht etwas Ähnliches mit einem wesentlichen Bestandteil der ritterlichen Welt, mit der „Verehrung der Frau". Perceval tut unbewußt das gleiche wie Lancelot vor dem Schlafzimmer der Guenevievre, wo es hieß:

> Au departir a soploié
> a la chanbre, et fet tot autel
> con s'il fust devant un autel.[32]

Hören wir, wie Lancelot seine Guenevievre angebetet hatte:

> si l'aore et se li ancline,
> car an nul cors saint ne croit tant.[33]

Perceval vollzieht in seiner Naivität unbewußt wichtige Bestandteile des Zeremoniells höfischer Liebe, parodisiert sie.

[30] In diesem Punkte ist sich die Sekundärliteratur einig, während über den Grad der religiösen Unterweisung, den Perceval im Elternhause genossen hat, erhebliche Unstimmigkeiten herrschen.

[31] Sister M. A. Klenke, *Liturgy and Allegory in Chrétien's Perceval*, Univ. of Carolina Studies in the Rom. Languages and Literatures, XIV, Chapel Hill 1951, S. 3.

[32] *Karrenritter*, v. 4716 ff (éd. M. Roques, *CFMA*, 86). [33] *Karrenritter*, v. 4652 f.

Perceval scheint aber keineswegs überrascht, statt des lieben Gottes ein Mädchen im Zelt vorzufinden. Ganz Schüler, der seine Weisheit „regelrecht" anwenden will, erinnert er sich an die zu dieser neuen Situation gehörigen Lehren seiner Mutter:

> ... «Pucele, je vos salu,
> Si con ma mere le m'aprist:
> Ma mere m'anseigna et dist 684
> Que les puceles saluasse,
> An quel que leu que jes trovasse.»

Der *filz de la gaste forest* kennt nicht *les lois* der Welt, weiß nicht, daß es zur Konvention gehört, das Gelernte nie als Gelerntes zu präsentieren, sondern als ein Assimiliertes, das so geboten wird, als gehöre es schon immer zu einem. Perceval ist zu naturhaft, zu wesentlich, um sich in solchen Konventionen bewegen zu können. Er bekennt sich zum „enseignement" seiner Mutter, dessen Akzente er allerdings ein wenig verschiebt. Die Mutter hatte gesagt *De pucele a mout qui la beise*, aber auch hinzugefügt *S'ele le beisier vos consant,*[34] sie hatte also die Einwilligung des Mädchens vorausgesetzt. Perceval als echter *filz de la forest* hat aus dieser Lehre nur das Wesentliche, das auf seinen Nutzen Bezogene behalten.

Auch die Art, wie er diese Nutzanwendung ins Werk setzt, erweist ihn als *nice*[35] in den Augen der Welt, als auf gesunde Weise selbstbezogen. Zwanzigmal (nach *F* und *T* siebenmal) küßt er das Mädchen, wobei er sich der Länge nach auf die sich verzweifelt wehrende „pucele" legt.[36]

Perceval scheint einen ihm angeborenen Sinn für das Zeremonielle zu haben, mag er sich noch so tölpelig anstellen, überall stößt er in den Bereich des Heiligen, des Weihevollen, des Rituellen vor, ahnt aber von alledem nichts. Nachdem er die „pucele", ohne es zu wissen, nach perfekt höfischer Manier angebetet hat, bewegt er sich hier in den Bahnen des Propheten Elias, der sich ausgestreckt auf den Sohn der Sunamitin legte, seinen Mund auf dessen Mund tat *(os suum super os ejus)* und ihn vom Tode erweckte, so daß er siebenmal gähnte *(oscitavit puer septies)*.[37]

Percevals Handeln steht ganz offensichtlich in einer gewissen Analogie zu heiligem Tun, aber wird man mit M. A. Klenke aus der Tatsache, daß die Dienerinnen des Zeltfräuleins ausgegangen sind, um Blumen zu pflücken, die

[34] *Conte del Graal*, v. 546 f.

[35] Vgl. v. 701: *Si l'anbrace mout nicemant.*

[36] Foster Erwin Guyer (*Chrétien de Troyes, Inventor of the Modern Novel*, London 1960, S. 113) glaubt in dieser Szene den Geist Ovids zu verspüren. Wir glauben demgegenüber festhalten zu müssen, daß Perceval jede *Ars* fremd ist. F. E. Guyer meint in den Vorwürfen des Ritters an seine Freundin „Ovid in almost literal translation" zu erkennen und verweist auf *Ars Am.* I, 665 f und 669. Nähe zu Ovid im Sinne dieser Stellen zeigt sich aber erst in Vers 3859 f.

[37] 4 Reg., 4, 34–35.

sie ins Zelt streuen werden, und dem erwähnten „Adler auf dem Zeltdach“ schließen dürfen, daß die Bewohnerin des Zeltes, das sich erfolglos gegen den *filz de la gaste forest* wehrende Mädchen, Maria „die Mittlerin aller Gnaden“ oder auch „Zuflucht aller Sünder“ sei?[38] Wohl kaum, das Heilige wird hier ganz offensichtlich unter ästhetischer Ausnützung der komischen Kontrastwirkung im Bereich des Unheiligen, des Profanen eingesetzt. So wenig die Ritter Gott und die Engel sind, ja nicht der geringste Anlaß gegeben wird, sie für etwas anderes zu halten als sie sind, ist auch das Zeltfräulein mehr als die Freundin des später als Orgueilleus de la Lande identifizierten Ritters.

Und dennoch fühlen wir, daß Chrétien neben der Erzielung komischer Effekte noch andere Gründe gehabt haben muß, um solche Momente einzuführen, die nur noch absolut, jedem konkreten Nachvollzug entzogen, auf das Heilige verweisen. Chrétien kann so etwas, was erst im späteren Verlauf des Romans zur beherrschenden Thematik werden soll, in absoluter Weise Gegenwart werden lassen, dem *Conte del Graal* auch dort schon eine Art spiritueller Gestimmtheit mitteilen, wo er sich noch ganz im Profanen bewegt.

Daß aber der *Conte del Graal* sich in der Szene mit dem Zeltfräulein betont im Profanen bewegt, sollte nicht bezweifelt werden. Hören wir Perceval, der sich bewußt ist, das Bestmögliche aus der Situation gemacht zu haben:

Or m'an irai je bien paiiez,

Auch sein im übrigen recht artiges Kompliment an das Zeltfräulein zeugt von handfest profaner Perspektive:

Et mout meillor beisier vos fet
Que chanberiere que il et
An tote la meison ma mere;
Que n'avez pas la boche amere.»

Perceval bleibt der naiv selbstbezogene Sohn des Waldes, der das Sichbietende mit naturhafter Instinktsicherheit zu seinem Vorteil Ausnützende, der für die Klagen der „pucele“ ebensowenig ein Ohr hat wie zuvor für die Fragen der Ritter:

Li vaslez a son cuer ne met
Rien nule de ce que il ot,
Mes de ce que geüné ot
Moroit de fain a male fin.

Er verspürt angesichts des armen Mädchens, dem er großen Kummer bereitet und dem gegenüber er sich recht unhöflich und unhöfisch verhält, nur ein recht kreatürliches Bedürfnis, er hat Hunger.[39] Instinktsicher findet er, was er braucht, Wein und Pasteten. Großzügig lädt er die „dameisele“ ein, mitzuessen, es würde für beide reichen und noch eine Pastete übrigbleiben.

38 *Liturgy and Allegory*, a.a.O. S. 5.

39 Dieses „kreatürliche Bedürfnis“ ist bei Perceval sehr stark ausgeprägt. Vgl. auch v. 489ff: *Li vaslez antant mout petit | A ce que sa mere li dit. | „A mangier“, fet il, „me donez! Ne sai de quoi m'areisonez ...“*

Auch hier schwingt wieder, wenn auch nicht ganz faßbar, biblisches Gut mit. Man denke etwa an die wunderbare Brotvermehrung, bei der noch Körbe voll übrigblieben, auch mag die Kombination Wein und Pastete eine geschickte Abwandlung von Wein und Brot verbergen. Man wird jedenfalls zugeben müssen, daß Chrétien es versteht, gedankliche Assoziationen bei seinem Leser zu wecken, und daß er diese Assoziationen bewußt in eine Richtung lenkt, dabei seine lenkende Hand meisterhaft zu verbergen versteht. Fast alle Essenszenen im *Conte del Graal,* und es wird in ihm bezeichnenderweise viel gegessen, bieten vom Gegessenen, von den Essenden oder von den Umständen des Mahles her eine Analogie zum sakralen Mahl.[40] Es wäre aber verfehlt, wollte man nun all diese Szenen liturgisch deuten; sie schaffen vielmehr nur eine Art Klima, eine im Unterbewußten gestiftete Spannung zum Spirituellen. Sie stehen in analogem Zusammenhang mit der nahezu parodistischen Gegenwart des Göttlichen, wie sie in der „Erscheinung der Ritter" und im „Zelt Gottes" gestaltet wird, präludieren als Uneigentliches einem noch zu nennenden Eigentlichen.

Wird dies Eigentliche ein Aspekt des Ritterlichen und Höfischen sein können, liefert doch das Ritterliche die erste phänomenale Gegenwart des Göttlichen, das Höfische die zweite? Wohl kaum; die Lehren der Mutter, die Gestalt Percevals, die horizontale Gerichtetheit der Ritter, der klägliche Untergang der Vertreterin höfischer Welt und schließlich die Heimat des Perceval lassen vermuten, daß dieses Eigentliche höher anzusetzen ist, daß der *Conte del Graal* nicht in einer innerhöfischen Spannung steht, noch in einer Spannung zur Welt der Höfischkeit, sondern daß in ihm Rittertum und Höfischkeit in eine ganz elementare, polare Spannung eingebaut werden, in die zwischen Stoff und Geist, zwischen *Silva* und *Nus.*

Folgen wir daher dem Sohn der *Silva* in die erste entscheidende Etappe seiner Nuswerdung.

ZWEITES KAPITEL

Chevalerie und Aventure

Perceval setzt seinen Ritt fort. Da begegnet ihm ein Köhler, der einen Esel vor sich herführt. Perceval bittet den Köhler, ihm den nächsten Weg nach Cardoeil zu zeigen, zu König Artus. Er erhält die gewünschte Auskunft, erfährt darüber hinaus noch, daß der König froh und traurig sei, froh, weil

[40] David C. Fowler verfolgt diesen Aspekt unter anderen in seiner aufschlußreichen Studie über *Prowess and Charity,* University of Washington Press, Seattle 1959. Vgl. ebda., S. 14. – Seine Grundthese scheint uns jedoch zu wenig aus dem Text begründet, wie E. Köhler in seiner Rezension schon bemängelt hat (*ZRPh,* 1959, S. 553).

er den König Rion besiegt habe, traurig, weil seine Waffengefährten zu ihren Schlössern geritten seien und er nicht wisse, wie es ihnen ginge. Perceval interessieren diese Nachrichten wenig, er geht ihnen nur nach, soweit sie geeignet sind, seine kreatürliche Neugierde zufriedenzustellen, dann setzt er unbekümmert seinen Weg fort und sieht bald ein Schloß vor sich liegen.

Ein Holzköhler hat also Perceval den entscheidenden Weg zu König Artus gewiesen. Verbirgt sich dahinter eine symbolische Bedeutung, wie in fast allen ähnlichen Szenen? Ist es denkbar, daß eine Gestalt, die Perceval den für das Ankommen entscheidenden letzten Abschnitt seines Weges zum Hofe des König Artus tun läßt, nur funktional zu verstehen ist, wie etwa der „valez" des *Traez d'Anet* im Gauvainteil? Was unterscheidet die Gestalt des Köhlers entscheidend von dem Diener des *Traez d'Anet?* Nun, Chrétien stellt uns in diesem Köhler keinen kalten, die Phantasie nicht weiter beschäftigenden Namen vor, sondern das Bild eines im Walde beheimateten Menschen, zu dem ein Esel als in analoger Weise Niedriges, im nichtdifferenzierten Dienen sich erschöpfendes Wesen tritt. Die beiden sind verbunden durch eine Analogie, ergänzen sich als Bild. Warum aber führt Chrétien dieses Bild hier ein?

Chrétien legt offensichtlich Wert darauf, daß es ein zum Walde gehöriger Mensch ist, der den *filz de la gaste forest* in den letzten Wegabschnitt zu König Artus hin einweist, und hebt eindeutig durch Beigabe des Esels darauf ab, daß es ein Mensch niederen Ranges ist, einer, der im Stofflich-Undifferenzierten beheimatet ist, der nicht im Wertbann des Hofes steht. Perceval geht seinen Weg gewissermaßen aus „eigenen" Kräften.

Darüber hinaus könnte man im Esel auch noch ein Zweites symbolisiert sehen, denn wenn diese Kreatur nicht mit der Vorstellung des Hofes assoziierbar ist, so doch in hohem Maße mit der christlichen Berufung; ritt doch Christus auf einer Eselin in Jerusalem ein, nicht lange bevor jene Leidensgeschichte einsetzte, die so stark im Vordergrund der Eremitenszene steht und die schon die Mutter dem jungen Perceval eindringlich ans Herz legt (v. 583 ff). Indes ist dieses Zeichen ganz absolut gesetzt, nichts sichert es in seinem Verweischarakter, aber es legt, wie die „Kußzeremonie", wie der „Adler auf dem Zelt" eine Deutung als dem Bereich des Religiösen entführte christliche Topik nahe.

Perceval findet also durch einen Köhler zum Artushof, aber noch bevor er endgültig dort hingelangt, begegnet er einem Ritter, dessen purpurne Waffen ihm so sehr gefallen, daß er mit der kindlichen Selbstbezogenheit des Sohnes der *gaste forest*, als der er sich immer noch erweist, diese für sich haben möchte.

Es ist dies die zweite konkrete Begegnung mit dem Rittertum, und die Analogie zur ersten ist nicht übersehbar. Hier wie dort ist es das Schöne der Waffen, das ihn anzieht und ihm in die Augen fällt, ihm das Wesen des Ritterlichen auszumachen scheint. Aber auch im Auftreten haben die Gruppe von Rittern, der er auf dem Wege zum Feld begegnet ist, und dieser *Vermauz Chevalier* Gemeinsames; beiden Erscheinungen des Ritterlichen ist etwas Lautes, wenig Höfisches eigen. Die ersten Ritter wurden zunächst nur über den

Lärm ihrer Waffen Wirklichkeit, der *Vermauz Chevalier* aber hat sich geradezu widerhöfisch aufgeführt am Hofe des König Artus, hat dem König einen Pokal entrissen und dabei das Kleid der Königin über und über mit Wein befleckt (v. 958 ff).

Man wird zugeben müssen, daß Chrétien alles tut, um die Vorstellung Percevals von einem göttergleichen Ritterstand zunichte zu machen. Die Romane Chrétiens sind auf der anderen Seite zu sehr in ihrer Symbolik bewußt gestiftet, als daß man an dieser Tatsache als nicht sinntragend vorbeigehen dürfte, sie hat ebensosehr ihre Bedeutung im Rahmen des *Conte del Graal* wie die schon des öfteren beobachtete Einbeziehung absoluter christlicher Symbole. Wir stehen hier vor einer konsequent angelegten Sicht des Rittertums, hier wird mit der gleichen Zielstrebigkeit die Pyramide höfischer Werte abgetragen, wie Chrétien sie in anderen Romanen bestätigt und mit aufbaut.

Ihren ersten Höhepunkt erreicht diese Tendenz, als Perceval endgültig den Hof König Artus erreicht, den Hof des Königs, den der *Vermauz Chevalier* als *mauvés roi* bezeichnen durfte (v. 889), ohne daß der Hof sich dagegen wehren konnte. Es heißt dort unübersehbar eindringlich von dem Saal, in dem die Artusritter zu Tische sitzen und in den Perceval hineinreiten wird (v. 903):

> La sale fu par terre aval

Chrétien, der sonst so sorgsam bemüht ist, die höfische Welt als gestuft zu gestalten und nie den Weg zur höchsten höfischen Instanz als in der Horizontale verlaufend dulden, geschweige denn herausarbeiten würde, unterstreicht, daß der *filz de la gaste forest* die höfische Wirklichkeit als eine Ebene vorfindet. Der König sitzt am Tisch, *fu pansis et muz* (v. 911), zwischen lachenden Rittern, und nichts kennzeichnet ihn als Spitze der gesellschaftlichen Ordnung, der er präsidiert. Perceval kann ihn nicht einmal herausfinden, bis Yvonet es ihm sagt.

So findet das Bild des Rittertums, das sich im *Conte del Graal* Perceval dartut, seine konsequente Fortsetzung im Auftreten des Königs, der die Inkarnation der Ritterlichkeit schlechthin sein sollte, der Inbegriff des Ritterlichen. Perceval wendet sich an ihn, spricht ihn an, grüßt ihn, alles ohne Erfolg:

> Li rois pansa et ne dist mot. 924
> Et cil autre foiz l'areisone:
> Li rois panse et mot ne li sone.

Der König Artus verstößt gegen die Grundregeln ritterlichen Benehmens. W. Kellermann hat mit Recht betont, daß „Motive wie Entwaffnen, Bekleiden und Begrüßen" „zu den immer wieder berichteten höfischen Gesten, die schon fast formelhaft wirken", gehören,[1] um so mehr muß es aber auffallen,

[1] W. Kellermann, *Aufbaustil und Weltbild*, a.a.O. S. 160. Es hätte W. Kellermann zu denken geben müssen, daß er seine Belege zum „System höfischer Werte" im Percevalroman fast ausschließlich dem Gauvainteil entnehmen muß (vgl. S. 157 ff).

wenn sich diese Beobachtungen am Percevalteil nicht immer machen lassen, wenn sie in obigem Beispiel geradezu auf den Kopf gestellt werden und dies bei dem Menschen, der Ritter „par excellence“ sein sollte. Es muß weiterhin bedenklich stimmen, wenn Perceval, den W. Kellermann einen „Vollblutritter im höfischen Sinne“ nennt[2] und der dem Zeltfräulein nicht einmal Rede und Antwort auf seine berechtigten Klagen gegeben hat, nunmehr mit einer ausgesprochenen Unhöfischkeit König Artus dazu bewegt, sein Schweigen aufzugeben. Er reagiert nämlich sehr kreatürlich auf das Ausbleiben eines Gegengrußes von seiten des Königs, wendet sein Pferd, um den Hof zu verlassen und zur Selbsthilfe zu schreiten, streift aber beim Wenden den Kopf des Königs, so daß diesem der Hut auf den Tisch fällt.

Perceval hat „a guise d'ome mal sené“ (v. 934) gehandelt, nur so konnte er mit König Artus ins Gespräch kommen. So ist es wiederum das Unhöfische, das ihm auf seinem Weg zum Rittertum hilft.

König Artus erzählt nun Perceval von seinem Schmerz, von der Schmach, die ihm der *Vermauz Chevalier* angetan hat. Der König scheint indes in den Augen Percevals als Autorität verloren zu haben, auch bleibt wohl Perceval zu sehr ichbezogen, als daß er den Reden des Königs viel Aufmerksamkeit schenken könnte.

Das ist im Grunde nichts Überraschendes, wir sind gewohnt, daß Perceval den Reden seiner Gesprächspartner nicht viel Aufmerksamkeit schenkt. Aber es will uns scheinen, als liege hier doch eine spürbare Steigerung zum Negativen hin vor, die bezeichnenderweise im Gegenüber mit König Artus ihren Höhepunkt findet. Den drei Rittern gibt er keine Antwort, aber nur deswegen, weil er offensichtlich durch ein Anderes absorbiert ist (*Li vaslez a autres noveles Anquerre et demander antant;* v. 186 f); in der Szene mit dem Zeltfräulein ignoriert er dagegen schon bewußt die Worte des Mädchens, weil er es vorzieht, erst einmal für seinen Hunger zu sorgen (*Li vaslez a son cuer ne met Rien nule de ce que il ot;* 734 f). Immerhin kommt er aber später auf ihren Inhalt zurück und versucht das Mädchen beim Abschied zu trösten (v. 767 ff); des Köhlers Rede schlägt er in den Wind (*Li vaslez ne prise un denier Les noveles au charbonier;* v. 859 f), angesichts der Klagen des Königs aber legt er eine geradezu oppositionelle, das Gegenüber nahezu degradierende Gleichgültigkeit an den Tag, und dies bei einem Sachverhalt, der seine Ritterlichkeit hätte auf den Plan rufen müssen:

> Li vaslez ne prise une cive[3] 968
> Quanque li rois li dit et conte;
> Ne de son duel ne de la honte
> La reïne ne li chaut il.

[2] W. Kellermann, ebda., S. 181.

[3] Man beachte auch die negative Steigerung von dem euphemistischen „nicht ans Herz legen“ über *denier* zu *cive*, König Artus liegt auf der „Schnittlauchebene“.

Die Verse sind um so gewichtiger für die Interpretation, als in ihnen, wie auch in den weiter oben angeführten Versen, Chrétien selbst Percevals Handeln interpretiert.

Perceval ist und bleibt der *vaslet sauvage*, der Sohn des Waldes, der selbstbezogene junge Mann, der den abgeklärten Artusrittern das Feuer jugendlicher Begeisterung voraus hat:

> Cler et rïant furent li oel
> An la teste au vaslet sauvage. 975

Ausdrücklich wird vermerkt, daß niemand ihn für *sage* hält (v. 976), aber er weiß, was er will, während die Artusrunde augenscheinlich ratlos ist:[4]

> «Feites moi chevalier», fet il, 972
> Sire rois, car aler m'an vuel.»

So ist es nicht verwunderlich, wenn ihm diese Artusrunde nicht zu imponieren scheint und ihn daher nicht halten kann; „Car aler m'an vuel“ ist in dieser Hinsicht unüberhörbar deutlich. Den jungen Perceval lockt diese müde Runde nicht, sie ist nicht sein Niveau. Er möchte zum Ritter geschlagen werden, dazu ist er gekommen.

Fast hätte Perceval den Hof unverrichteter Dinge wieder verlassen müssen, denn der zum Zögern neigende König Artus will ihn offensichtlich vertrösten:

> Fet iert, a Damedeu le veu,
> A m'enor et a vostre preu.» 984

Aber da kommt ihm Keu, ohne es zu wollen, zu Hilfe, und zwar, das ist bemerkenswert, durch eine ausgesprochene Unhöfischkeit, die ihm einen Verweis von König Artus einträgt, er heißt den jungen Perceval dem Roten Ritter die Waffen abnehmen. Diese Sprache versteht Perceval gern und gut.

Doch bevor wir Perceval in die „aventure“ mit dem *Vermauz Chevalier* folgen, wollen wir einige aufschlußreiche Verse bedenken, in denen König Artus sich zu Perceval äußert:

> Por ce, se li vaslez est nices, 1012
> S'est il, espoir, mout jantis hon;
> Et se ce li vient d'aprison
> Qu'il et esté a vilain mestre,
> Ancor puet preuz et sages estre. 1016

König Artus spricht ein gewichtiges Wort, das weit über den historischen Perceval hinausgeht, ihn als Konkretisierung eines Problems faßt. Die Feststellung des Königs ist um so schwerwiegender, als sie sich im Sinn mit dem trifft, was schon die Mutter formuliert hatte, die der Lehre eine entscheidend prägende Wirkung auf den Menschen zusprach, so daß es ihr fast als verwunderlich erschien, wenn einer das, was er gelernt hat, nicht weiß.[5] Hier

[4] Wie könnte Pierre Gallais, für den die Artusrunde „die Katholiken“ sind, diese Tatsache erklären, sollte der feurige Perceval zur Müdigkeit konvertieren?

[5] *Conte del Graal*, v. 523 ff.

liegen ernstzunehmende programmatische Äußerungen vor, die sich in bemerkenswerter Weise als Theorie mit der Praxis, die Perceval selbst darstellt, treffen. Sie gestatten, das Tun des Perceval und das ihm Begegnende nicht als bloße „aventure“ eines Menschen zu fassen, sondern es zu interpretieren als dichterische Gestaltung einer ideellen Auseinandersetzung. Ja Chrétien tut dies selbst durch den Mund des Königs: Perceval ist nur deswegen *nices*, weil er in schlechter Lehre war; erst wenn er nach durchlaufener Schule der Ritterlichkeit es immer noch sein sollte, wird man von ihm sagen können, daß er kein *jantis hon* ist. König Artus lenkt den Blick auf das Potentielle, auf die im Menschen enthaltenen *semina* des Guten, er zerstört zugleich die Konzeption einer in sich geschlossenen, eigengesetzlichen höfischen Welt, die nur dem schon zu ihr Gehörenden offen steht zu stufenweiser Entwicklung innerhalb derselben. Er erweist die höfischen Qualitäten als gestiftet und als ein in jedem Menschen potentiell Enthaltenes entwickelnd. Rittertum und Höfischkeit, bis dahin in sich gestufte, selbstherrliche Welt, werden zu einer Stufe in einem sie umfassenden System, das kraft des „enseignement“ die ständische Stufung bis zu einem gewissen Grade überwindet, sie ersetzt durch eine Stufung, die von der Ungestaltetheit der *Hyle* zum Geist hinführt. Hier liegt der Grund dafür, daß Perceval in einen ungestuften Saal einreitet, aus dem Artus sich nicht mehr hervorhebt, Perceval steht vor einer Stufe seines Weges, der von der *silva* zum Geist führt, und die Voraussetzungen für das Nehmen dieser Stufe liegen ganz in Perceval selbst, nicht in dem sich offenbarenden Rittertum. Das Rittertum braucht ihn nicht aufzunehmen, seine Entwicklung hat ihn einfach auf dieses Niveau geführt. Perceval ist *uns foibles hon*, der es *par us et par acostumance* weiter bringen wird als jene, die in der *joie* des Hofes leben.[6] Nur so ist es auch zu verstehen, daß der Nichtritter Perceval im Besitz jener *joie* ist, in der die Auszeichnung des Ritters liegen sollte, während König Artus selbst augenscheinlich diese höfische Qualität nicht zur Schau tragen kann. Die dem Hof bis dahin immanenten Werte werden durch gleitende überspielt.

Über die hierzu erforderlichen *virtutes* aber verfügt Perceval in hohem Maße. Er ist lernbegierig, vertikal ausgerichtet, zielstrebig und *simplex*, kurz, er ist *homo philosophus*, berufen zum Aufstieg, der ihn konsequent weiterführen wird bis hinein in die Eschatologie und in die Welt der Spiritualität.

Folgen wir ihm nun in seine Erprobung durch die „aventure“, dorthin,

> Ou li chevaliers atandoit
> Chevalerie et avanture.

Der *Vermoil Chevalier* ist also ein echter Ritter, dessen ganzes Trachten auf *chevalerie et avanture* steht, in dieser Hinsicht zweifellos vorbildlicher als die Artusrunde. Perceval, der von diesen hohen Begriffen nichts weiß, hat dagegen nur eines im Sinn: er möchte die schöne rote Waffenrüstung haben, die

[6] Vgl. *Yvain*, v. 3578 ff, weiter oben zitiert.

der Ritter trägt und die ihm Keu zugesprochen hat. Und Perceval besiegt mit seiner naturhaften Zielstrebigkeit den Roten Ritter, sein Wurfspieß, die Waffe des Waldes, trifft den Ritter ins Auge und streckt ihn tot zu Boden. Der Sohn des Waldes hat mit seinen Waffen den Ritter besiegt, einen Menschen, dessen Waffen Symbol für seinen hohen Rang sein sollten, Verweis auf die inneren Qualitäten.

Chrétien parodiert zweifellos diese ideologische Verknüpfung von äußerem Zeichen und innerem Wert im höfischen Denken, wenn er nun Perceval an der Aufgabe, dem toten Ritter die Waffenrüstung auszuziehen, schier verzweifeln läßt:

«... Qu'eles se tienent si au cors
Que ce dedanz et ce defors
Est trestot un, si con moi sanble,
Qu'eles se tienent si ansanble.»

So hatte Perceval schon bei der ersten Begegnung mit Rittern gemeint, diese kämen vielleicht mit den Waffen auf die Welt. Hier wird eine exklusive Standesethik desillusioniert durch den Mund eines sie scheinbar naiv bewundernden und zur Kenntnis nehmenden Beobachters.

Und doch scheint der Sohn des Waldes auch in einer positiven Beziehung zum Rittertum zu stehen, sogar in einer recht bedeutungsvollen, wenn wir den Worten des Mädchens glauben dürfen, das ihn als den künftigen „meillor chevalier" preist (v. 1043). Darüberhinaus möchte man in ihm sogar eine Art erlösende Funktion gegenüber dem Höfischen sehen,[7] denn die „pucele", die dies sagt, lacht seit sechs Jahren zum erstenmal wieder (v. 1037 ff). Aber diese Funktion wird offensichtlich noch ausgesetzt, denn Keu, den die Worte des Mädchens geärgert und in seiner Ehre gekränkt haben, schlägt dem Mädchen mit der flachen Hand ins Gesicht, was nicht gerade ritterlich ist, und der Narr muß Keu und dem ganzen Hof verkünden:

«... Danz rois, se Deus me saut,
Ore aprochent nos avantures:
De felenesses et de dures
An verroiz avenir sovant, ...»

Es wird also offenbar zunächst eine Periode der Sühne für die Tat des Keu eingesetzt, die allerdings nach den Worten des Narren in fünfzehn Tagen ihren Abschluß gefunden haben soll, indem Perceval das Mädchen an Keu rächt:

Que antre le cote et l'eissele
Le braz destre li brisera.

Indes wird all das, was von Perceval vorausgesagt wird, noch nicht recht faßbar, Perceval bleibt trotz seiner ersten, mit Erfolg bestandenen *avanture* unmißverständlich ein Tölpel, dem die schweren Waffen um den Leib hängen,

[7] „Perceval ist vermöge seiner Bestimmung und seiner Begnadung der erlöste Erlöser", formuliert es Erich Köhler, a.a.O. S. 191.

ohne daß er sich ihrer bedienen könnte. König Artus betont zwar noch einmal ausdrücklich, daß dies nur eine Frage der Erziehung ist und leicht zu beheben wäre:

Qui assené et adrecié 1284
Le vaslet des armes eüst
Tant qu'un po eidier s'an seüst,
Et de l'escu et de la lance,
Bons chevaliers fust sanz dotance; 1288

Aber er unternimmt auch nichts, um dem abzuhelfen (*Mes il n'i puet rien conquester, Si leisse la parole ester;* v. 1303 f), und so bleibt für ihn Perceval nach wie vor der Einfältige, ungeprägt Stoffliche:

«... Tant est nices et bestïaus,
Tost avra fez ses anvïaus.» 1300

So setzt Perceval seinen Weg fort. Er hat offenbar eingesehen, daß ihm der Hof König Artus' die Erfüllung nicht bieten kann *(il n'i puet rien conquester!)*, im übrigen lebt er auch in dem guten Glauben, König Artus habe ihn zum Ritter gemacht (v. 1369 f). Der Text erwähnt mit keinem Wort, welches Ziel sich Perceval nun gesetzt hat. Perceval spürt offenbar instinktiv, daß ihm noch etwas fehlt, denn erst nach seiner offiziellen Ritterwerdung durch Gornemant gibt er ein Ziel an, das darauf schließen läßt, daß Perceval seine Mission für erfüllt hält. Scheinbar ziellos reitet er weiter, reine ungerichtete Stofflichkeit, und der Wald begleitet ihn und nimmt ihn wieder auf wie der Grund seines Wesens:

Et li vaslez sanz nul arest
San va poignant par la forest 1306

Der Wald entläßt ihn in die Ebene, die ihm ihrerseits das Element des Wassers, in die Form eines von Ufern eingeschlossenen Flusses gefaßt, darbietet:

Tant que as terres plainnes vint
Sor une riviere, qui tint 1308
De lé plus d'une arbalestee,
Si restoit tote l'eve antree
Et retreite an son droit conduit.

Chrétien will hier fühlbar das Elementare des Wassers Gegenwart werden lassen, aber zugleich durch das Eintreten dieses Elementes in eine Form die Unbändigkeit desselben als überwunden gestalten, als eingelenkt *an son droit conduit.*[8] Hier liegt ein symbolischer Vorverweis auf das, was dem Sohn der *Hyle* bevorsteht, aber noch mehr als dies. Folgen wir dem Wasser.

[8] Man bedenke, welch große Bedeutung der Formgebung der Elemente in *De Mundi Universitate* zukommt. Vgl. etwa folgende Stelle: Moles porro tumultuaria... ea ad ordinatos temperatae discretionis limites pace, quam meditor, refringetur. Silvae formam molior... morem gesserim elementis. (*Bernardi Silvestris De Mundi Universitate,* éd. C. S. Barach, Innsbruck 1876, I, II, 31 ff, S. 10.)

Als geballte, urtümliche Energie, reißend, schwarz und tief fließt es dahin (v. 1312 ff). Perceval reitet dem Fluß entlang, kommt an einen Naturfelsen (roche naïve; v. 1318), an dessen Fuß das Wasser anschlägt. Als er weiterreitet und an dem Felsen hochschaut, sieht er aus diesem die Türme eines Schlosses hervorwachsen, so daß es ihm scheint, als kämen sie geradewegs aus dem Felsen hervor:

> Et vit les torz del chastel nestre;
> Qu'avis li fu qu'eles neissoient
> Et que fors *de la roche*[9] issoient. 1328

Die Symbolik dieser Einleitung zur Gornemantszene liegt auf der Hand.[10] Sie soll am Anfang jener Szene, die für Perceval die Ritterwerdung bringen wird, das richtige Verhältnis zwischen Rittertum und der in ihm überwundenen Stufe rein stofflichen Menschseins erkennen lassen. Das Schloß als Zuhause des Ritterlichen wächst organisch aus dem Elementaren heraus. Wald, Wasser und Naturfelsen gebären das Schloß, lassen es aus sich hervortreten, *Natura* umfaßt als Mutter auch das Ritterliche. Das Rittertum ist keine Eigenwelt mehr, sondern sie ist Gegenwärtigwerden des Geistes im Stoff, es übernimmt das Stoffliche als seinen Boden, als seinen Baustein.[11] So auch „formulierte" es Chrétien im Bild des Flusses.

Wie es ein Köhler war, ein zum Walde Gehöriger, der Perceval in den Weg zum Hofe des König Artus einwies, so geleitet das Elementare ihn zur Schule der Ritterlichkeit und erweist sich als sein tragender, wenn auch nicht formender Grund. Erst nachdem dies unmißverständlich vorausgeschickt ist, erscheint das Rittertum als es selbst, jedoch nicht in der Gestalt, die ihm in den übrigen Romanen Chrétiens und in den Werken anderer Autoren zukommt, als ein Tun, sondern als eine Schule, ein „enseignement".

Gornemant wird Perceval Lehrer sein in dieser Schule der Ritterlichkeit. Er erkennt sofort, mit wem er es zu tun hat, stuft Perceval, nachdem dieser kaum den Mund aufgetan hat, als *nice et sot* ein (v. 1365), auch scheint er der Behauptung Percevals, König Artus habe ihn zum Ritter gemacht, mit vorsichtiger Skepsis zu begegnen, indem er seiner Verwunderung Ausdruck gibt, daß König Artus sich noch um solche Dinge kümmere (v. 1371 ff). Gornemant ist jedoch höfisch genug, diesen Zweifel nur als Verwunderung verlautbar zu machen. Uns nimmt diese Höflichkeit des Gornemant die Möglichkeit, zu

[9] Wir übernehmen für Vers 1328 die Lesung von *L P R S* und *T; F* hat analog: *Fors de la roche s'en isseient.*

[10] M. Gsteiger entgeht diese Symbolik. Das *naïve* in *roche naïve* hat für ihn „bloß die rhetorische Funktion eines schmückenden Beiwortes", die Schilderung wirkt in seinen Augen uneinheitlich, für ihn liegt sogar beim Übergang zur Beschreibung des Schlosses selbst ein Stilbruch vor (*Die Landschaftsschilderung*, a.a.O. S. 118 f).

[11] Vgl. als philosophische Parallele aus der Kosmogonie des Bernardus Silvestrie (*De Mundi Universitate*, I, 43): Assistunt elementa tibi poscentia formas.

sehen, ob er, was uns nahe zu liegen scheint, nicht vielleicht andeuten will, daß hinsichtlich des Zum-Ritter-Machens eine leichte Kompetenzverschiebung eingetreten ist, daß nun ihm als dem Lehrer, als dem Innehaber der *Ars* des Rittertums das zukommt, was zuvor Sache des nichtreflektiv Vollziehenden war. Humanistisches Denken bemächtigt sich hier der Welt des Rittertums, verlagert seinen Schwerpunkt in den Lehrbetrieb. König Artus war ganz offensichtlich nicht in der Lage, Perceval zum Ritter zu machen, Gornemant aber beherrscht diese *Ars* und kann Perceval in sie einführen.

Es liegt nahe, anzunehmen, daß auch diese Akzentverschiebung innerhalb des Rittertums auf den Einfluß der Schule zurückzuführen ist, deren Geist wir schon wiederholt im *Conte del Graal* fanden.

Gornemant ist ganz Lehrer, er weiß seinen Schüler geschickt anzufassen, stellt durch Fragen erst einmal fest, wie es mit derer ritterlichen *Ars* bestellt ist, und was der Sohn des Waldes da von sich gibt, ist nicht sehr erbaulich. Seine Rüstung weiß er an- und auszuziehen, benutzen kann er seine Waffen aber nicht (v. 1392 ff), seine „eruditio“ scheint sich überhaupt mehr oder weniger auf das zu beschränken, was ihm seine Mutter an „enseignement“ mitgegeben hat:

> «Sire, ma mere m'anseigna
> Que vers les prodomes alasse
> Et que a aus me conseillasse, 1404
> Si creüsse ce qu'il diroient;
> Que preu i ont cil qui les croient.»

Es mag auf den ersten Blick überraschen, daß Gornemant dieses rudimentäre „enseignement“ anerkennt, aber er tut es ausdrücklich:

> Beneoite soit vostre mere, 1408
> Que ele vos conseilla bien!

Ja er stellt seine Lehren neben die von Percevals Mutter (*Le consoil vostre mere et moi;* v. 1417), aus der Befolgung beider wird Perceval *grant bien* erstehen.[12] Nach der Einleitung zur Gornemantszene sollte uns dies auch nicht überraschen, denn was sich dort symbolisch in der Landschaft niederschlägt, wird hier angewendet. Wie das Schloß als Zuhause des Ritterlichen aus dem Elementaren als seinem Boden erwuchs, so kann auch die Lehre des Gornemant organisch aufbauen auf der Lehre der Mutter.[13] Die Lehren der Mutter verhalten sich zu denen des Gornemant wie das Elementare zum kunstvoll Gefügten. Man möchte sogar dazu neigen, hinter der Gestalt der Mutter eine Art Personifizierung dieses sich zum Geist sammelnden Elementaren zu sehen, als *Natura*. Heißt es nicht in der Eremitenszene von der Mutter, sie habe für ihren Sohn Fürsprache bei Gott eingelegt? Darin liegt eine Parallelität zu

[12] Vgl. *De Mundi Universitate*, II, 41 f: et te, natura, quia calles ingenio et ad ipsum votis aspiras, sociam comitemque operis non dedigner.

[13] Man beachte auch, daß erneut die Illusion eines privilegierten Standeswissens durchbrochen wird. Gornemant weiß das alles nur, weil er es von jung auf gelernt hat (v. 1448), und wer sich Mühe gibt, wird es auch erlernen können (v. 1465 f).

De Mundi Universitate und zu *De Planctu Naturae,* wenn wir die erwähnte Identifizierung annehmen, denn auch bei Bernardus Silvestris und Alanus von Lille fleht *Natura* bei Gott um Gnade für ihr Geschöpf, und diese Gnade wird ihr gewährt, wenn diese auch, wie im *Conte del Graal,* die eschatologische Bewegung dieses Geschöpfes keineswegs überflüssig macht. Perceval kann nicht reiner Sohn der *Natura,* kann nicht *Hyle* bleiben, denn er hat sich ja gerade aufgemacht in die Nuswerdung, in die Formgebung, die notwendigerweise eine Trennung vom Kreatürlichen verlangt, aber er denkt auch nicht daran, seine Herkunft zu verleugnen. Bevor er Ritter wird, muß er die Kleider ausziehen, die ihm seine Mutter gegeben hat, und dies sind grobe, gewissermaßen naturhafte Kleider, Kleider, die keinen Zweck erfüllen außer dem ihnen als kleidenden eigenen, Perceval steht auf der Schwelle zwischen Naturhaftigkeit und *Ars.* Als *homo philosophus* fühlt er die größere Wesentlichkeit seiner Kleider sehr wohl, und Gornemant bringt es nicht zuwege, ihn davon zu überzeugen, daß die Kleidung, die er ihm als Ritter bietet, besser sein soll als die seiner Mutter. Perceval denkt philosophisch, von der wesenhaften Bestimmung des Dinges her, Gornemant ständisch und das heißt akzidentell. Zwei Denksysteme stehen hier einander gegenüber, von denen sich das letztere erst durchsetzen kann, als es sich auf die Autorität beruft:

«Vos me deïstes, biaus amis, 1616
Quant je vos amenai ceanz,
Que vos toz mes comandemanz
Feriiez.»

Hyle und Kultur, *Silva* und *Cort* stehen hier in einem Wertkonflikt. Die Kultur, repräsentiert durch die *chevalerie,* siegt, aber sie siegt nicht wesentlich, nicht kraft ihrer inneren Überzeugungskraft, sondern als ein im „enseignement" sich autoritär äußerndes System.[14] *Hyle* und *Cort* stehen beide schon unter einem sie überwölbenden Anderen, das die Lehren der Mutter und die des Gornemant verbindet und keiner von beiden die Chance einräumt, dem anderen einen letzten Sinn zu verleihen und es in diesem „aufzuheben". *Silva* und *Cort* beugen sich schon einem Dritten, das nur zeichenhaft Gegenwart wird:

Et li prodon s'est abeissiez, 1624
Si li chauça l'esperon destre:

Es handelt sich nur um eine *costume,* aber diese ist symbolisch als Bewegung des Sichneigens hin zum Jünger, und es durchwest sie als absolutes, seiner religiösen Heimat entführtes Zeichen die Erinnerung an Christus, der sich vor seinen Schülern neigt und ihnen die Füße wäscht, und der dies an jenem Abend tat, als er mit seinen Jüngern zu Tische saß und bevor er seinen Leidensweg antrat. So begegnen wir auch hier, in den Hauch eines kaum kontrollierbaren Zeichens verweht, jener Thematik, jenem Klima des *Conte del Graal,* das über Essensszenen, gottgeglaubte Ritter, versehentlich angebetete

[14] Wird dieses System sich nicht auch auf der Graalsburg als unzureichend erweisen?

Mädchen, Esel und sichneigenden Liebesdienst des Lehrers an seinem Schüler jenem Dritten präludiert, dem Perceval langsam entgegenreift.[15] Doch bevor er dies Dritte direkter angehen kann, wird er durch „aventure“ und „amor“ zum Ritter im Vollsinn des Begriffes werden müssen.

Perceval sucht die „aventure“ nicht, er bleibt in diesem Punkte wesentlich, sucht nichts um seiner selbst willen, sondern nur insofern es einer ethischen Zielsetzung dient: er will nach seiner Mutter sehen, die er bei seinem Auszug hat ohnmächtig zusammensinken sehen. Perceval ist so in einem viel echteren Sinne Ritter als der *Vermauz Chevalier,* der stilgerecht *avanture et chevalerie* suchte, denn nur ihm als dem Nichtsuchenden kann die *avanture* wirklich zufallen.

Ausgestattet mit alten und neuen Lehren, mit den Gewändern eines echten Ritters angetan, tritt er nun die zweite große Etappe seines Weges an. Der Einschnitt ist unübersehbar, Lehren und Einkleidung kennzeichnen ihn hinreichend, und wie auf das erste „enseignement“ „amor“ folgte, so wird es auch hier sein, ein „amor“ jedoch, der entsprechend der Stufe, auf der Perceval sich nunmehr bewegt, in die Welt des Ritterlichen und Höfischen projiziert wird, und daher im Verein mit „aventure“ erscheint.

Hören wir aber, welchen Weg der *noviaus chevaliers* einschlägt:

> Si se met es forez soutainnes,
> Que assez miauz qu'as terres plainnes
> Es forez se reconoissoit,

Perceval denkt nicht daran, den Urgrund, aus dem er gewachsen ist und den er mit in sein Rittersein übernommen hat, zu verleugnen, er handelt gegen jede höfische Konvention. Ganz unbekümmert um die Etikette höfischer Milieusymbolik bekennt er sich zu den *forez soutainnes* als dem ihm eigenen Medium, das er den *terres plainnes,* die ihm die Welt des Ritters eröffnet haben, vorzieht.[16] Wie in der landschaftlichen Einstimmung zur Gornemantszene dominieren auch hier die Elemente, und in sie hineingestellt erblickt Perceval ein Schloß:

> Et chevauche tant que il voit
> Un chastel fort et bien seant;
> Mes fors des murs n'avoit neant
> Fors mer et eve et terre gaste.

Die Ödheit der Landschaft ist hier zugleich symbolischer Vorgriff auf die Situation, in der Perceval das Schloß und seine Bewohner vorfindet: Eine

[15] Marianne Stauffer, a.a.O. S. 108 betont mit Recht, Perceval sei hier „seinem innersten Wesen nach Waldmensch“, zutreffend stellt sie später zu V. 2959 *(qui la Gaste Forest a non)* fest: „Der benannte Wald ist für Perceval zum Objekt geworden, zu dem er Abstand gewonnen hat...“ (ebda.).

[16] Man beachte, daß so auch landschaftlich gesehen die Welt der Höfischkeit als horizontal eingeführt wird.

„pucele meigre et pale“ erscheint am Fenster und läßt ihm öffnen, die Straßen sind verlassen *(Trova anhermies les rues)*, die Häuser zerfallen *(les meisons viez decheües)*. Zwei Klöster sind in der Burgstadt:

Deus mostiers an la vile avoit,
Qui estoient deus abaïes:
L'une de nonains esbaïes,
L'autres de moines esgarez.

Auch diese Klöster, deren Bewohner alle Zeichen des Schreckens und der Verwirrung tragen, sind in beklagenswertem Zustand:

Ne trova mie bien parez
Les mostiers ne bien portanduz,
Einçois vit crevez et fandus
Les murs et les torz descovertes,
Et les meisons erent overtes
Ausi de nuiz come de jorz.

Wenn wir bedenken, daß dies die erste authentische Vergegenwärtigung des Sakralen im *Conte del Graal* ist, so wird sich uns die Erkenntnis aufdrängen, daß Chrétien dieses Sakrale in analoger Weise einführt wie das Ritterliche. Wie er in der Artusszene das Rittertum als reformbedürftig, müde und dekadent vorstellt, so erscheint nunmehr auch das Sakrale als das im Zerfall Begriffene. Die Vorstellungen, die sich Perceval vom Hause Gottes nach den Lehren seiner Mutter gemacht hat und die er konsequent auf das Zelt angewendet hatte, werden in höchstem Maße desorientiert. Die Klöster brauchen ihn, so wie ihn die Artusrunde erwartete, Kirchen und Hof sind gleichermaßen von einer Lethargie befallen, aus der sie sich aus eigenen Kräften nicht befreien können, beide sind erlösungsbedürftig.

Perceval erscheint hier wie dort als Erlöser, er bringt das erste Lächeln nach sechs Jahren auf die Lippen der „pucele“ am Hofe König Artus', und Belrepeire befreit er von seinen es bedrängenden Feinden.

Perceval darf hierbei die Liebe der schönen Blancheflor gewinnen und so noch höher im höfischen Rang steigen, die höfische Vollreife erreichen, die im Einklang von „amor“ und „aventure“ liegt. Perceval vergißt aber über dieser erfüllenden Liebe nicht die Lehren der Mutter. Er schläft mit Blancheflor *boche a boche, braz a braz* (v. 2068), und Blancheflor zögert nicht, ihm ihre Gunst zu erweisen (*De l'acoler et del beisier Ne li fet ele nul dangier;* v. 2358 f), aber er ist offenbar auch der Mahnung der Mutter eingedenk: *Le soreplus vos an desfant* (v. 548). Wie beim Zeltfräulein schöpft er die Möglichkeiten, die ihm der Rahmen der Gebote seiner Mutter läßt, aus.

Wir glauben daher nicht von „chaste relations“ sprechen zu können, wie M. A. Klenke es tut,[17] gewinnen vielmehr aus dem Text den Eindruck, daß die Genußmomente ganz im Gegenteil sehr stark hervorgehoben werden und

[17] „The Blancheflor-Perceval Question“, *RPL*, VI, 1952, S. 173–178. Dazu R. S. Loomis, „The Grail Story of Chrétien de Troyes as Ritual and Symbolism“, *PLMA*, LXXI, 1956, S. 840–852, der demgegenüber mit Recht an den Bonsens appelliert. –

ihre Qualität als „keusch" nirgends Erwähnung findet.[18] Man gewinnt den Eindruck, daß hier der im Grunde äußerst physische *amor purus* praktiziert wird, wie ihn Andreas Capellanus wenig später formulierte[19] und hinter dem zweifellos Vorstellungen stehen, die dem „keuschen Konkubinat" nach der Art von Fontevrault analog sind.[20] „Growth in spiritual maturity"[21] aber vermögen wir hier kaum zu erblicken. Perceval versucht sich als Sohn der *Forest* an die Lehren seiner Mutter zu halten und gerät dadurch, wie auch schon im Gegenüber mit dem Zeltfräulein, in eine ungewollte Parallelität zu Formen höfischer Liebe, dort betete er ein Mädchen an, wie Lancelot Guenevievre, hier praktiziert er den *amor purus.*

Wie sehr Perceval im Grunde noch der *Grande Forest* verhaftet ist, zeigt sein Bemühen, zur Mutter zurückzukommen. Gewiß, er hat humane und – wenn man so will – höfische Gründe, zu ihr zu gehen, denn er muß annehmen, daß sie in Not ist, aber die Richtung führt doch unübersehbar in jenen Wald, *qui la Gaste Forez a non* (v. 2959), und eine solche Tatsache ist in einem höfischen Roman, ist für einen Ritter immer symbolisch.

Bevor Perceval Blancheflor und Belrepeire verläßt, werden wir noch Zeugen eines merkwürdigen Geschehens:

E. Köhler, der mit Recht darauf hinweist, daß bei Robert de Boron, Gerbert de Montreuil, in der *Queste del Saint Graal* und im *Lancelot propre* die Keuschheit zur entscheidenden Qualität für den zum Erlöser Prädestinierten wird, geht unseres Erachtens schon weit, wenn er schreibt: „Der Weg, der den zum Erlöser erhöhten, auserwählten Ritter zu absoluter Reinheit führen mußte, ist bei Chrétien nur erst eingeschlagen" (*Ideal und Wirklichkeit,* a.a.O. S. 187). Von solch einer Orientierung ist auf Belrepeire u. E. nicht viel zu spüren. Wird etwa in *Erec et Enide* oder im *Yvain* mehr gesagt, als die zitierten Formeln hergeben? Die „Keuschheit" des Perceval von Belrepeire ist eine Vorstellung, die zweifellos auf den Einfluß der christlich umgedeuteten nachchrétienschen Graaldichtung zurückzuführen ist. – Zur „Blancheflor-Perceval Question" auch Helaine Newstead (*RPh,* VI, 1953/54, S. 171–175). Ihr Hinweis auf „the tradition that the amorous advances of Morgain la Fée were spurned by a young warrior who was her guest" (vgl. auch R. S. Loomis, *Arthurian Tradition,* a.a.O. S. 264–271) scheint mir jedoch irreführend, denn Perceval verhält sich keineswegs abweisend.

[18] Vgl. *repose et aeisier* (v. 2357), *joënt et beisent et acolent* (v. 2361), *Delez li s'aeise et delite* (v. 2913).

[19] Hic autem (amor purus) in mentis contemplatione cordisque consistit affectu; procedit autem usque ad oris osculum lacertique amplexum et verecundum amantis nudae contactum, extremo praetermisso solatio (*De Amore,* S. 182; *Andreae Capellani Regii Francorum De Amore libri tres,* text llatí amb la traducció catalana del segle XIV, introducció i notes par Amadeu Pagès, Castelló de la Plana, 1930).

[20] Zu Fontevrault R. Niderst, *Robert d'Arbrissel et les origines de l'ordre de Fontevrault,* Rodez 1952 und E. Werner, *Pauperes Christi,* Leipzig 1956, S. 53–76.

[21] So M. A. Klenke in „Chrétien's Symbolism and Cathedral Art", *PMLA,* LXX, 1955, S. 223–243.

Quant il fors de la vile issi,
I ot autel procession
Con s'il fust jorz d'ascension
Ou autel come au diemoinne;
Qu'alé i furent tuit li moinne,
Chapes de pailes afublees,
Et totes les nonains velees,

Wie an einem Himmelfahrtstage folgen die Mönche und verschleierten Nonnen Perceval in großer Prozession. Und hören wir, was sie ihm zum Abschied zu sagen haben:

«Sire, qui nos as trez d'essil
Et ramenez an noz meisons,
N'est mervoille se duel feisons
Quant tu si tost leissier nos viaus.
Mout doit estre granz nostre diaus,
Si est il tant que plus ne puet.»

Die Mönche und Nonnen sehen also in Perceval ihren Retter, der sie aus dem Exil geführt hat, wie Moses das Volk der Juden,[22] ihr Verhältnis zu ihm ist aber zugleich das der Jünger zum zweiten Moses, zu Christus, denn sie sind voller Trauer, daß sie Perceval wieder verläßt nach einer solch kurzen Weile, und müssen an einem Himmelfahrtstage erleben, wie der Erlöser ihren Augen entschwindet.

Die Analogie ist zu markiert, zu konsequent durchgeführt, als daß man annehmen könnte, sie sei durch Zufall zustande gekommen, Chrétien stiftet sie bewußt. Perceval wird als eine Art Erlöser gesehen, nicht nur am Hof, sondern auch im Bereich des Spirituellen, jenes Dritten, das wir zögern, als das Religiöse zu identifizieren, weil es zu absolut dasteht.

Das ist sehr bedeutsam. Perceval ist ganz offensichtlich schon ein Erlöser, bevor er sich noch spirituell verdient gemacht hat. Er setzt so ganz unmittelbar die Linie fort, die im *Yvain* anklingt, wenn es dort von den befreiten Seidenweberinnen heißt:

Devant lui deus et deus s'an issent.
Je ne cuit pas, qu'eles feïssent
Tel joie, come eles li font
De celui qui fist tot le mont
S'il fust venuz de ciel an terre.

Chrétien setzt in diesen Versen Yvain in eine klar herausgearbeitete Analogie zum Erlöser, er hat sich durch seine Erlösungstat als eine Art Profanerlöser

[22] Urban T. Holmes, *New Interpretation of Chrétien's Conte del Graal,* Univ. of Carolina Studies in Rom. Lang. and Lit., VIII, Chapel Hill, 1948, sieht im *Perceval* eine Allegorie der Konversion des jüdischen Volkes zum Christentum, eine These, die M. A. Klenke übernimmt und ausbaut. Wir glauben, daß in der Tat, wie oben angedeutet, Berührungen mit der Thematik des jüdischen Volkes vorhanden sind (vgl. neben obiger Parallele auch ausdrückliche Bezugnahmen von Chrétien in v. 582, v. 6292 ff), halten diese aber für keineswegs ausreichend, um den *Perceval* im Sinne von Holmes zu interpretieren.

erwiesen, dem man in Prozession Ehre erweist, ja dem man mit vielleicht (je ne cuit pas)[23] größerer Freude zujubelt, als wenn ein Gott vom Himmel auf die Erde gekommen wäre.

Hier mag bewußt werden, daß der *Conte del Graal* auch in seinem religiösen Gehalt nicht ein absoluter Neueinsatz ist, sondern an das Gesamtromanschaffen, speziell an den *Yvain* anschließt, mag auch die Erkenntnis neu bestätigt werden, daß im *Conte del Graal* religiöse Thematik nicht immer gleichbedeutend sein muß mit Gegenwart des Religiösen. Man neigt zu leicht dazu, von der nachchrétienschen Literatur herkommend, die Rolle des Religiösen im *Conte del Graal* zu überschätzen, es vor allem zu oft als beherrschende Perspektive anzusetzen.

So steht in dieser Abschiedsszene, in der Perceval zu Ehren Mönche und Nonnen eine Prozession wie an einem Himmelfahrtstag machen und Perceval als ihren scheidenden Erlöser ehren, das typologisch gesehen Religiöse zweifellos im Dienst einer Profanperspektive, die in der Linie des zitierten *Yvain*-Textes steht.

Indes zeigt dieser Perceval, bevor er Belrepeire verläßt und sich in die „aventure" der Eschatologie begibt, insgesamt doch eine „Besserung" im Sinne des Religiösen, wenn er von seiner Mutter sagt, daß er sie in Belrepeire Nonne werden lassen möchte, falls sie noch lebe und, wenn sie schon tot sei, dafür Sorge tragen wolle, daß ihr jedes Jahr eine Messe gelesen werde, damit Gott sie mit den frommen Seelen in den Schoß Abrahams aufnehme (v. 2962 ff). In diesen Worten zeigt sich eine für Perceval erstaunliche religiöse Reife,[24] die wohl neben seiner Ausbildung als Ritter auch ihren Teil dazu beigetragen haben dürfte, Perceval bereit zu machen für die ihm im folgenden zufallende eschatologische Chance.

DRITTES KAPITEL

Mythische Transzendenz

Perceval macht sich also auf den Weg zu seiner Mutter. Wie verschieden ist dieser Weg von dem, der ihn zum Hofe von König Artus geführt hat, zu Gornemant oder auch nach Belrepeire. Niemand und nichts ist mehr da, das ihm den Weg weisen könnte. Perceval hat die Summe alles irdischen „enseignement" erfahren, und hat sie nun hinter sich zurückgelassen:

[23] Zu bedenken ist auch, daß die Aussagekraft des Vergleiches durch seine hyperbolische Funktion abgeschwächt wird.

[24] Näheres bei O. Jodogne, „Le sens chrétien du jeune Perceval dans le Conte du Graal", *LR*, t. XIV, 1960, S. 111–120.

Et tote jor sa voie tint,
Qu'il n'ancontra rien terriiene
Ne crestiien ne crestiiene
Qui li seüst voie anseignier.

Perceval ist in eine Welt eingetreten, die jenseits des Kompetenzbereiches menschlicher Lehren liegt. Er nimmt seine Zuflucht zum Gebet:

Et il ne fine de proiier
Damedeu le soverain pere
Qu'il li doint trover sa mere
Plainne de vie et de santé,
Se il li vient a volanté.

Ist es ein Zufall, daß dieses Religiöse als Hinwendung zu Gott sich weitgehend in einem Scheingrund verliert, daß Perceval für etwas betet, das wir unerfüllbar wissen? Perceval betet darum, seine Mutter lebend anzutreffen und – wie wir später erfahren – ist sie schon bei seinem Ausritt gestorben. Immerhin zeichnet sich eine deutliche Steigerung des religiösen Gehaltes ab, wenn wir dieses Gebet mit der Anbetung der Ritter und der des „Zeltbewohners" vergleichen. Im obigen Fall handelt es sich zweifellos um ein echtes Gebet, zumal Perceval das für einen „nice hom" erstaunliche Reife verratende *Se il li vient a volanté* hinzufügt. Perceval scheint nicht mehr im gleichen Maße wie bisher der Naiv-Selbstbezogene; er denkt an seine Mutter, er denkt darüber hinaus sogar an Gott Vater als einen möglicherweise anders planenden als er es sich vorstellt. Indes wird der um eine These vom spirituellen Aufstieg Bemühte im folgenden sehr enttäuscht, denn außer einem *Sire Deus puissanz*, das in seinem Zusammenhang (Oh! Allmächtiger Gott, wenn ich dieses Wasser überqueren könnte...) wohl kaum spirituelle Essenz verrät, gibt Perceval in der ganzen Graalsszene nichts Spirituelles von sich, ist vielmehr ganz im Gegenteil durch ausgesprochen physisch leibliche Bedürfnisse in Anspruch genommen, wie Chrétien ausdrücklich vermerkt: *S'antant a boivre et a mangier* (v. 3311).

Es scheint also wohl mehr eine Frage der inneren Not als der Entwicklung zu sein, wenn Perceval zu diesem erbaulichen Gebet findet, das ihm den Anblick eines Flusses beschert, von dem er intuitiv weiß, daß hinter ihm seine Mutter ist:

«... Se ceste eve passer pooie,
De la ma mere troveroie,
Mien esciant, se ele est vive.»

Der Gedanke ist, objektiv gesehen, unzutreffend, denn seine Mutter ist nicht mehr am Leben, das „se ele est vive", an das die ganze Vorstellung als an ihre Bedingung gebunden ist, trifft nicht zu. Auf der Ebene mythischen Verständnisses ruht dem Gedanken jedoch eine tiefe Wahrheit inne, evoziert er doch das Bild des Acheron, über den hinweg Perceval seine Mutter treffen könnte im Reich der Toten.

Perceval sieht nun einen Nachen den Fluß hinuntergleiten, zwei Männer sind darin. Der eine angelt, wobei er als Köder kleine Fischchen benutzt. Perceval grüßt die beiden und erkundigt sich, ob eine Brücke über den Fluß führe. Er erhält zur Antwort, daß es zwanzig Meilen flußauf- und flußabwärts weder Fähre noch Furt oder auch Brücke gebe. Der Fischer bietet aber Perceval an, bei ihm zu übernachten, sein Haus liege in einem Tal *pres de riviere et pres de bois* (v. 3034).

Der Fischer ist also im Elementaren zu Hause, in Wald und Wasser, er ist da zu Hause, wo der tragende Grund Percevals, der Wald, auf jenes Element trifft, das schon der Manifestation ritterlicher *Ars* präludierte und seither den ganzen *Conte del Graal* in steigendem Maße durchwest. Wir werden es in seiner Symbolkraft kaum eindeutig festlegen können. Wir haben es kennengelernt als das Urtümliche, Ungebändigte, in eine Form Einzuleitende, kurz als das dem Walde verwandte Elementare. Hier ist es zweifellos ein Anderes, vielleicht auch ein Mehrschichtiges. Einerseits weckt es die schon erwähnte Vorstellung von dem ins Jenseits Geleitenden. In diesen Rahmen paßt der Nachen, jedoch nicht der Fischer. Charon ist kein Fischer, seine Funktion verträgt sich mit solch einer dem Leben zugewandten Tätigkeit nicht. Von diesem Aspekt her gesehen, möchte man eher an den irländischen Gott *Manannan* denken, von dem Jean Marx sagt: „De ce royaume (de l'Autre Monde) est Roi et parfois Introducteur le grand dieu irlandais Manannan, fils de Llyr, c'est-à-dire de l'Océan, dieu des mers et dieu des morts…“ [1] Dies vor allem deshalb, weil in der keltischen Sagenwelt die Trennung zwischen Diesseits und Jenseits nicht eine solch absolute ist wie in der des klassischen Altertums. Auch biblische Assoziationen bieten sich an: man denkt an den Fischer Petrus, an den Fisch als christliches Symbol; man denkt an das Taufwasser, weiter gesehen an den durch das Wasser symbolisierten Heiligen Geist. Indes wird von all dem nichts faßbar. Es handelt sich ganz offenbar wieder um ein absolutes Symbol. Zusammen mit der Gestalt des Fischers stiftet es ein Klima von Transzendenz und Spiritualität, das in einem erbarmungslosen Gegenüber von Himmel und Erde (*ne vit rien fors ciel et terre;* v. 3039) eine wirkungsvolle Kulisse findet.[2]

Wie schon gesagt, bietet der Fischer Perceval an, bei ihm zu übernachten. Perceval will schon die Suche nach dessen Haus, das in einem Tal liegen soll, aufgeben,

> Lors vit devant lui an un val
> Le chief d'une tur qui parut; 3051

1 J. Marx, *La légende arthurienne et le Graal,* a.a.O. S. 83.

2 In diesen Rahmen gehört wohl auch das voraufgehende Hinaufreiten des Perceval und sein Ankommen auf der Höhe (v. 3035 ff). Hier könnte man eine Parallele sehen zum „Berg der Kontemplation“ in der Mystik; indes kann J. Marx auch von den „tertres hantés“ sprechen, über die man zu den Wunderpalästen gelangt (*La légende arthurienne et le Graal,* a.a.O. S. 83; vgl. jetzt auch O. Jodogne, L'Autre Monde celtique dans la littérature française du XIIe siècle, Bulletin de la Cl. des Lettres et Sc. mor. et pol., 5e sér., t. XLVI, 1960, S. 584–597).

Wir sind gewohnt, in den Romanen Chrétiens der Lage symbolische Bedeutung beizumessen, wobei man ein „unten" nach der in den höfischen Romanen geltenden Symbolik zweifellos als Unterlegenheit im Rang deuten müßten. Dürfen wir *an un val,* das nach unten führt, so deuten? *Val* ist zweifelsohne ein „unten", aber wir müssen im *Conte del Graal* immer darauf gefaßt sein, daß neben höfischer Symbolik eine absolut christliche und darüber hinaus eine mythisch-kosmische Verwendung finden können. Welche Bedeutung könnte *val* in letztgenannten Zusammenhängen zukommen?

Im biblisch-christlichen Bereich bietet sich das „Zedrontal" an, zumal im *Conte del Graal* so viel an die Leidensgeschichte und das unmittelbar voraufgehende Geschehen erinnert. Aber hier erschöpft sich die Analogie im Talcharakter, findet keine Stützen im Rahmen oder in der Handlung. Im Bereich des Kosmisch-Mythischen dagegen treffen wir auf eine Bedeutung des Tales, die der schon angeklungenen möglichen Funktion des Wassers als das vom Jenseits Trennenden entspricht, die überdies auch das Element des Waldes mit umschließt.

Hören wir, wo Aeneas den Zweig, der ihm den Weg in die Unterwelt öffnen soll, finden kann:

> ...; hunc tegit omnis
> lucus et obscuris claudunt convallibus umbrae.[3]

Wald und Schatten dunkler Täler umschließen diesen Zweig, machen ihn dem menschlichen Auge schwer zugänglich.

Das Tal scheint uns daher hier eine von Vergil übernommene typologische Erscheinung. Es spricht viel dafür, daß Chrétien de Troyes mit Fluß, Nachen, Gebet des Perceval und Tal eine bewußte Analogie zur Aeneis setzt und nur leichte keltische und christliche Akzente beigibt. Wie Aeneas seinen Vater Anchises in der Unterwelt besucht und von ihm Rat erhielt, so wird im folgenden *Perce-val* die Gelegenheit geboten, das zur Unterwelt führende Tal zu durchstoßen, vorzustoßen ins Reich der Toten und so den Rat seiner verstorbenen Mutter einzuholen. Von all dem ahnt natürlich Perceval nichts, er formuliert es nur aus einer Strömung des Unterbewußten heraus. Er erfüllt sein Schicksal, ohne daß ihm in den Sinn käme, sich als Mensch mit einer schon in seinem Namen über ihn verhängten Sendung zu sehen.[4] Er erhält auch keinen Hinweis, wie er einer solchen Sendung gerecht werden könnte, weiß nicht, wie Aeneas, daß es ein Mittel gibt, in die Unterwelt vorzustoßen, wird nicht

[3] *Aeneis,* VI, 138 f, éd. F. A. Hirtzel, Oxonii; vgl. auch ebda., 131 f: tenent media omnia silvae, Cocytusque sinu labens circumvenit atro. Vgl. weiterhin ebda., v. 271. Siehe auch diese Studie, S. 122, 134 ff.

[4] Zu den Namen des Arthurkreises vgl. W. A. Nitze und H. F. Williams, *Arthurian Names in the Perceval of Chrétien de Troyes,* analysis and commentary, Univ. of California Press, Berkeley-Los Angeles 1955. Zum Namen „Perceval" jetzt auch Martín de Riquer, „Interpretación cristiana de ‚Li Contes del Graal'", a.a.O. S. 210 bis 213.

der Hilfe eines Orakels zuteil, ja er weiß nicht einmal, daß es für ihn einen Grund geben könnte, den Gang in die Unterwelt zu wünschen. Während Aeneas den Schlüssel, der ihm das Tor zur Unterwelt öffnen soll, ausdrücklich genannt bekommt, wird Perceval ausgesprochen irregeführt durch die Lehren, die er erhielt. Es wurde ihm von Gornemant nahegelegt, nicht zu viel zu sprechen, und gerade die Erfüllung dieses Gebotes ist es, was ihn daran hindert, den Schlüssel, der ihm die Eschatologie ermöglicht hätte, zu finden, die Frage als jene philosophische Grundhaltung, die er als natürlicher Mensch in solch großem Umfang besaß.[5]

Doch folgen wir dem von seiner Sendung nichts ahnenden Perceval in das Haus des Fischers. Diener empfangen ihn, legen ihm einen scharlachroten Mantel um.

Was bedeutet dieser Scharlach, der gewiß symbolisch ist?[6] Es hebt sich von dem Purpur des Fischerkönigs (v. 3090) und Blancheflors (v. 1799) als grelleres Rot ab. Sollte in ihm die Sündhaftigkeit des Perceval symbolisiert sein[7] oder sollte es höfisch zu deuten sein als festliches Rot? – Wir sehen, wie absolut auch hier wieder die Symbolsprache des *Conte del Graal* ist; man fühlt, daß ein symbolischer Verweis vorliegt, aber er wird nicht konkret faßbar.

Dann geht Perceval mit den Dienern in den Saal:

> An la sale, qui fu quarree,
> Et autant longue come lee. 3084

Chrétien legt Wert darauf, festzuhalten, daß dieser Saal eschatologischen Ansprüchen genügt, er ist quadratisch wie bei Prudentius der Tempel der Sapientia,[8] wie im Bereich keltischer Literatur der Fest- und Turniersaal.[9] Mitten in dem Saal steht ein Bett *(un lit)*. Dies mag auf den ersten Augenblick überraschen in einem Saal, der offensichtlich tempelartig angelegt ist, der, wie jener, den Prudentius in der *Psychomachia* nach dem Sieg der Tugenden errichten läßt, noch eine Art durch Säulen abgegrenztes Sanktissimum enthält,[10]

[5] R. S. Loomis möchte diese Bedeutung der Fragen, auf die wir weiter unten ausführlicher eingehen werden, auf den „unspelling quest" zurückführen, bei dem die „Sovranty of Erin" an ihren Gast wiederholt die Frage stellt: „To whom shall this cup be given?" L. S. Loomis möchte daraus die „natural inference" ziehen, „that the Irish text preserves the question in its original context, and that in the French Grail romances the question has been placed in an alien setting, so that the question which the Sovranty did repeatedly ask became the question which Perceval failed to ask." (*Arthurian Tradition and Chrétien de Troyes,* a.a.O. S. 377.)
Uns scheint hier jedoch der Abstand vom keltischen Gut zum Graal unüberbrückbar groß, so daß wir Einfluß für ausgeschlossen halten.

[6] So wurde Perceval in Belrepeire mit einem grauen Mantel bekleidet, der die trostlose Lage symbolisierte, in der das Schloß sich befand.

[7] Vgl. Is., I, 18.

[8] *Psychomachia,* v. 827 (éd. M. Lavarenne, Paris 1948).

[9] Vgl. J. Marx, a.a.O. S. 75.

[10] Bei Prudentius sind es sieben (ebda., v. 868), bei Chrétien vier Säulen (v. 3095).

indes wird die Einführung dieses Motivs in einen eschatologischen Rahmen durch die Hoheliedliteratur nahegelegt, in der das Bild des himmlischen Brautgemachs dominiert.

Es genügt, einen Blick in den Hoheliedkommentar des Honorius Augustodunensis zu werfen, um zu erkennen, daß hier die beiden bei Chrétien verschmolzenen typologischen Motive (Tempel und Bett) zusammengefaßt werden in einer allegorischen Sicht „der aus den vier Weltgegenden in den vier Epochen des Heils zur Wahrheit des Glaubens findenden Völker".[11] Hier sind „Tempel" und Brautgemach in eschatologisch heilsgeschichtlicher Sicht verbunden.

Indes ist das, was Perceval erlebt, offensichtlich kein Brautgemach:

> Anmi la sale sor un lit
> Un bel preudome seoir vit,
> Qui estoit de chienes meslez;
> Et ses chiés fu anchapelez
> D'un sebelin noir come more,
> A une porpre vols desore,
> Et d'autel fu sa robe tote.

Auf dem Bett sitzt ein schöner *prodome* mit ergrauendem Haar, um sein Haupt trägt er einen maulbeerfarbenen Pelz mit purpurnem Umschlag, purpurn ist sein ganzes Kleid. Nehmen wir noch hinzu, daß vor dem *prodome*, zwischen vier Säulen, ein großes Feuer von trockenem Holz brennt, so bleibt außer dem Bett und dem Tisch für das himmlische Gastmahl nicht viel von der Vorstellung eines Brautgemaches, aber auch die von einem Tempel wird bis zur Unkenntlichkeit überlagert durch Züge, die insgesamt die Analogie zur großen Festhalle von *Tara*, auf die A. Brown schon sehr früh in diesem Zusammenhang aufmerksam gemacht hat,[12] dominieren lassen. Und doch muß betont werden, daß dieser Saal vom Charakter eines Tempels und auch von dem eines himmlischen Brautgemachs behält, er ist konzentrierte Evokation eschatologischer Ambianz.

All diese Elemente, seien sie nun keltischer, christlicher oder klassisch-antiker Herkunft, haben eine Art blinder Symbolik, führen eine Sprache, die im Bereich des Magischen, nicht Dechiffrierbaren bleibt. Die Dinge sind den Gesetzen der Kausalität enthoben, sind absolut, und ihre absolute Beziehungslosigkeit macht es dem Leser unmöglich, vor ihrer sichaufdrängenden Gegenwart in die beruhigende Vermenschlichung begründenden Verknüpfens zu flüchten. Das sich hier Bietende kann nicht in die Gesetze des Irdischen eingeholt werden, Perceval ist im Bann der Unterwelt, hat die *rien terrïenne*

[11] Fr. Ohly, Zum „Himmlischen Jerusalem" v. 61 ff, *Zeitschrift für deutsches Altertum und deutsche Literatur*, Bd. LXXX, 1960, S. 36–40, ebda., S. 37.

[12] In *Publications of the Modern Language Association*, t. XX, 1905, S. 260 ff; nach J. Marx, *La légende arthurienne*, a.a.O. S. 98; vgl. auch R. S. Loomis, *Arthurian Tradition*, a.a.O. S. 375 f.

hinter sich zurückgelassen.[13] Kindhaft unbeschwert nimmt er dieses Überraschende mit Selbstverständlichkeit hin. Er wundert sich auch nicht, daß sein Gastgeber sich nicht erheben kann, um ihn zu begrüßen, weit entfernt, dies irgendwie begründet hören zu wollen, beruhigt er ihn:

«Por Deu, sire, or vos an teisiez,»
Fet il, «qu'il ne me grieve point,
Se Deus joie et santé me doint.» 3112

Perceval ist ein wenig weltmännischer geworden, aber im Grunde hat er sich noch nicht sehr geändert, er ist weiterhin der selbstbezogene junge Mann, den das Leid anderer nicht interessiert, solange es ihm gut geht. Der *prodome* könnte ihm diesbezüglich ein Lehrer sein, denn dieser ist ganz Du-bezogen, und Chrétien läßt dies plastisch herauskommen, indem er einen von Perceval abgewiesenen Tatbestand *(ne me grieve)* nun als von seiten des Fischerkönigs in höchstem Maße vorhanden betont:

Li prodon tant por lui se grieve
Que tant come il puet se sozlieve. 3114

Perceval ist keineswegs reif, den Rang einzunehmen, den ihm der Fischerkönig zukommen läßt, indem er ihm einen Platz neben sich anweist.

Die beiden unterhalten sich sodann, und Perceval zeigt sich den Anforderungen dieser nicht sehr tiefgründigen Unterhaltung durchaus gewachsen, er hat etwas mitbekommen in der Schule des Gornemant, das merkt man, aber auf der anderen Seite ist er doch noch sehr begrenzt[14] und keineswegs „à la hauteur" dessen, was sich im folgenden vor seinen Augen abspielen wird.

Doch zunächst werden die Ehrungen für ihn noch fortgesetzt. Perceval ist ganz offensichtlich trotz der wenig überzeugenden Figur, die er abgibt, der Prädestinierte.

Ein Diener kommt herein und bringt ein Schwert. Die „sore pucele", Nichte des Fischerkönigs, hat es geschickt und bittet, es in gute Hände zu geben, denn es wurden nur drei von diesen Schwertern geschmiedet, und nach diesem starb der Hersteller. Der Fischerkönig reicht das Schwert Perceval (*l'a li sire au vaslet bailliee;* v. 3166), der hier noch einmal ausdrücklich als junger Mann bezeichnet wird *(vaslet)*, und betont, daß dieses Schwert für Perceval bestimmt war:

Vos fu jugiee et destinee, 3168

Man hat dieses Schwert verschiedentlich zu deuten gesucht. David C. Fowler möchte in ihm eine Symbolisierung der Persönlichkeit Percevals sehen, eine

[13] Um sich der hervorragenden Ökonomie des Ausdrucks bewußt zu werden, mit der Chrétien de Troyes in dieser Szene in den Bereich des Unaussprechlichen, Jenseitigen vorstößt, genügt ein Blick auf den Apparat von Inventar, den der Gauvainautor ausbreitet, ohne mehr zu erreichen als eine wenig überzeugende Märchenstimmung.

[14] D. C. Fowler, a.a.O. S. 27, empfindet mit Recht v. 3128 f als naiv.

Interpretation, die sich darauf stützt, daß nur drei Schwerter geschmiedet wurden, und ihr Hersteller danach starb. Der Schmied wäre demnach Percevals Vater und die drei Schwerter seine Söhne. David C. Fowler möchte weiter folgern, daß der Fischerkönig eben dieser Schmied ist und damit Percevals Vater, die beiden jungen Männer, die Perceval zu ihm hinbegleitet haben, sollen seine Brüder sein.[15]

Die Identifizierung ist verlockend, aber wird sie dem Text gerecht?

Der Fischerkönig entspricht weitgehend dem Bild, das Percevals Mutter von ihrem verstorbenen Gatten entwirft, so sehr sogar, daß wir annehmen dürfen, Chrétien hat hier bewußt eine solch starke Parallele gesetzt, um die Identifizierung nahezulegen.[16] Der Umstand, daß Percevals Vater als tot gilt, bedeutet keine Schwierigkeit für die Identifizierung, da die Einleitung zur Graalsszene profilierte Analogie zu des Aeneas Einstieg in die Unterwelt zeigt. Wie liegen aber die Verwandtschaftsverhältnisse, soweit sie der *Conte del Graal* zu erkennen gibt, in ihnen muß die Entscheidung liegen.

Der Eremit sagt:

> Cil cui l'an an sert, est mes frere; 6415
> Ma suer et soe fu ta mere,

Derjenige, den man mit dem Graal bedient, ist also wie der Eremit ein Onkel Percevals.

Dann heißt es weiter:

> Et del riche Pescheor croi
> Qu'il est filz a celui roi 6418
> Qui del graal servir se fet.

Man beachte wohl das *croi* und bedenke dabei, daß der Eremit vorgibt, nicht genau zu wissen, ob der Fischerkönig der Sohn seines Bruders sei. Selbst wenn wir annehmen wollen, daß der Eremit schon lange in der Einsamkeit lebt, ist es doch höchst überraschend, daß er nur vermutungsweise unterrichtet ist, im Fischerkönig einen Neffen zu haben, immerhin weiß er doch sehr wohl, daß Perceval in einem solchen Verwandtschaftsverhältnis zu ihm steht.

Chrétien will hier ganz offensichtlich die Dinge im Nichtnachvollziehbaren lassen, zugleich aber das Verwandtschaftsverhältnis als solches betonen. Chré-

[15] A.a.O. S. 31.

[16] Zum Fischerkönig W. A. Nitze, *The Fisher King in the Grail Romances,* Publ. of the Modern Lang. Ass., t. XXIV, 1909, S. 265–418; J. Marx, *La légende arthurienne...,* a.a.O. S. 182 ff; M. Riemenschneider, „Li Rois Mahaignies", *Rom. Jahrb.,* IX, 1958, S. 126 ff. – Nach der von H. Adolf (a.a.O.) ausgebauten, nun auch von Martín de Riquer bejahten Kreuzzugsthese („Si tal interpretación no es del todo falsa, *Li contes del Graal* sería una extensa e impresionante ‚canción de cruzada', con trama y asuntos novelescos", „Interpretación cristiana...", a.a.O. S. 282) stünde der Fischerkönig für Baudouin IV., König von Jerusalem. – Zum Fischerkönig jetzt auch R. S. Loomis, *The Grail...,* a.a.O. S. 54 ff.

tien will eine absolute, nicht im Sinne des Blutes realisierbare Verwandtschaftlichkeit zwischen allen am Graal beteiligten stiften, eine Familie der Suchenden; imaginäre, entobjektivierte Verwandtschaftsverhältnisse helfen, um diesen Eindruck zu vermitteln. Was aber diese Familie eint, ist ihr Ziel, ist zugleich ihre schicksalhafte Verwobenheit in ein unaussprechliches Scheitern, nicht aber das Blut als menschlich Bindendes und wohl auch nicht, wie L. Olschki[17] und P. Gallais[18] meinen, die Häresie oder, was zugegebenermaßen verlockend schiene, das gemeinsame Schicksal eines Volkes, das sich gegen den „Deus et hon" erhoben und so Schuld auf sich geladen hatte.[19]

Es ist also geplant und gewollt, wenn verwandtschaftliche Verhältnisse gesetzt werden, aber ebenso gewollt ist es, wenn das Denken, das diesen Verwandtschaftsverhältnissen nachzugehen ansetzt, ins Leere geleitet wird. Es wiederholt sich hier auf dem Sektor des Blutes, was wir schon auf dem des Religiösen sahen, man denke nur an die Anbetung Gottes, die *sub specie* von Rittern erfolgt. Vielleicht ist es in diesem Zusammenhang nicht ohne Bedeutung, daß die einzigen Verwandten Percevals, die klar in ihrer konkreten verwandtschaftlichen Beziehung umrissen sind, schon vor Beginn der Handlung, beziehungsweise gleich zu Beginn derselben, durch den Tod entobjektiviert werden, sein Vater und seine Mutter. Auch der Eremit bleibt, wenn man seine enigmatische Formulierung bedenkt, etwas im Dunkeln.

Wie die verwandtschaftlichen Beziehungen zwischen Perceval und dem Fischerkönig nicht festgelegt werden können, so scheint uns aber auch das Schwert in seiner Symbolkraft zu vielfältig, als daß man es als Symbolisierung der Persönlichkeit Percevals bestimmen könnte.

Gleich nachdem es Perceval angelegt hat, gerät es in ein Bündel symbolkräftiger Bezüge:

> Et sachiez que de grant meniere 3176
> Li sist au flanc et miauz el poing,
> Et sanbla bien que au besoing
> S'an deüst eidier come ber.

Das Schwert gewinnt hier eindeutig instrumentale Bedeutung für Perceval ähnlich wie für Aeneas,[20] ist zugleich ein ihn rangmäßig Auszeichnendes, ist Zeichen der Auserwählung, aber auch in seiner Integrität Hinweis darauf, ob der Träger der im Schwert symbolisierten Aufgabe gerecht wird, ist schließlich Bestandteil einer eigengesetzlichen Sagenwelt, die wohl keltisches Gepräge

[17] L. Olschki, „Il castello del Re Pescatore...", a.a.O.

[18] J. Gallais, „Perceval et la conversion de sa famille", a.a.O.

[19] Zur „interprétation judéo-chrétienne" vgl. jetzt auch J. Frappier, „Le Conte du Graal est-il une allégorie judéo-chrétienne?", *RPh*, XVI, 1962, S. 179–213; ein Artikel, in dem J. Frappier *Chrétien, Troyes, and the Grail*, das schon zitierte Buch der Exponenten obengenannter These, U. T. Holmes und M. A. Klenke, bespricht.

[20] Vgl. Aeneis, VI, 260: *tuque invade viam vaginaque eripe ferrum.*

trägt.[21] – Täuschen wir uns, wenn wir überdies in den Versen einen komödienhaften Zug erkennen? Perceval hat hin und wieder etwas von einem Don Quijote; schon Lancelot zeigte ähnliche Ansätze zur Parodie.

Doch folgen wir dem Text, der sich jetzt den so entscheidenden Begebenheiten auf der Graalsburg nähert:

Uns vaslez d'une chanbre vint,
Qui une blanche lance tint
Anpoigniee par le mileu,
Si passa par antre le feu
Et çaus qui el lit se seoient.
Et tuit cil de leanz veoient
La lance blanche et le fer blanc,
S'issoit une gote de sanc
Del fer de la lance an somet,
Et jusqu'a la main au vaslet
Coloit cele gote vermoille.

Wenn man den Text unvoreingenommen auf sich wirken läßt, wird sein erster Eindruck vielleicht ein zwiefacher sein: der von einem magischen, im Sinne der Kausalität unmotivierten Geschehen, sodann aber auch der einer gelungenen, dynamischen Farbimpression; ein Weißes bewegt sich, von einer Hand getragen, zwischen glühendem Rot (Feuer) und akzidentellem Weiß (Bett) hindurch, es gebiert aus diesem Vorbeigang nun seinerseits Rot, das als Blutstropfen zu der das Weiß führenden Hand zurückkehrt. Die Komposition ist in ihrem lückenlos gefügten Fließen so einmalig geschlossen, daß der deutende Zugriff erschwert wird.[22] Wenn daher diese Lanze gemeinhin als Longinuslanze identifiziert wird,[23] so darf man doch wohl nicht so weit gehen, wie es Martín de Riquer tut, indem er betont: „... no puede caber ni la más pequeña sombra de duda de que ... todo lector medieval identificaba la lanza que pasa ante Perceval con la sagrada lanza de Longinos."[24] Martín de Riquer hat recht, darauf hinzuweisen, daß das Fließen des Blutes von der Lanzenspitze bis zu der die Lanze haltenden Hand in den *Chansons de Geste* ein stehender Topos geworden ist, der stets mit dem Namen Longinus verbunden wird,[25] aber man bedenke auch, daß in fast allen diesen Fällen von Blut und

[21] Vgl. *Conte del Graal,* v. 3671 ff; zur keltischen Herkunft J. Marx, *La légende arthurienne,* a.a.O. S. 125 ff, vor allem S. 127.

[22] Jean Frappier bemerkt trefflich zur Rolle der Mehrdeutigkeit im *Conte del Graal:* „Chez lui le refuge de l'ambiguïté est à la fois vertu poétique, art un peu malicieux de piquer l'intérêt, et prudence de la raison: il dose le merveilleux, il s'abstient de le dissiper tout entier, mais il entend ne pas se compromettre outre mesure avec lui" („Le Graal et l'hostie", *Les Romans du Graal aux XII*^e^ et *XIII*^e^ *siècles,* Paris 1956, S. 63–78, ebda., S. 59, Anm.).

[23] So zuerst von Rosa Peebles, *The Legend of Longinus in ecclesiastic tradition,* Baltimore 1911.

[24] Martín de Riquer, „Interpretación cristiana ...", a.a.O. S. 234.

[25] Ebda., S. 232 ff.

Wasser die Rede ist *(li sans et l'aive)*,[26] so daß es uns scheinen will, als habe erst diese Kombination, die auf dem Bericht des Johannesevangeliums beruht,[27] die Referenz eindeutig im Sinne des Longinus festgelegt. Wir möchten daher die Feststellung Martín de Riquers dahingehend abschwächen, daß wir in der „blutenden Lanze“ die schon öfter im *Conte del Graal* verschleiert angeklungene Passionsthematik im Vordergrund der sich anbietenden Deutungen sehen. Es liegt nahe, daß sich hier der Lanzenstich des Longinus symbolhaft in seinen Auswirkungen manifestiert, worin gleichzeitig auf das Meßopfer als unblutige Erneuerung des Kreuzopfers verwiesen wird.

Was könnte aber die Lanze sonst bedeuten, was mag ihr Erscheinen Perceval noch nahelegen wollen? – Man könnte sie zweifellos auch im Zusammenhang sehen mit der Verwundung von Percevals Vater oder der des Fischerkönigs. Sie wäre dann die Lanze, die ihr Elend herbeigeführt hat und würde sich, von daher gesehen, mit keltischen Vorbildern in Verbindung bringen lassen.[28] Dieser Interpretation würde sich fügen, daß späterhin die Lanze als eindeutig verderbenbringend konzipiert wird:

> Et s'est escrit qu'il iert une ore 6168
> Que toz li reaumes de Logres,
> Qui ja dis fu la terre as ogres,
> Sera destruiz par cele lance.

Selbst wenn wir diesen Text nicht Chrétien zusprechen,[29] bleibt er als Aussage ernstzunehmen, da er möglicherweise in Chrétiens Planung Vorgesehenes spiegelt, zum mindesten eine sehr frühe Explizierung des in der Graalsszene so geheimnisvoll Verschleierten enthält.

Uns will es daher scheinen, als habe Chrétien auch hinsichtlich der blutenden Lanze bewußt Sinneindeutigkeit vermieden, woran auch der berechtigte Hinweis auf die Aktualität der bei den Bittprozessionen von St. Denis getragenen Lanze Dagoberts nichts ändert.[30] Finden wir nicht auch im *Lancelot* eine Lanze, die, wie die des *Conte del Graal*, ganz augenscheinlich mythisch-symbolische Bedeutung hat, ohne daß sie sich in ihrer Symbolfunktion eindeutig festlegen ließe? Ist nicht auch die Lanze im *Lancelot* eng mit dem Element des Feuers verbunden, tritt sie nicht in Aktion, als der Held, ähnlich wie im *Conte del Graal*, sich auf einem Bett befindet? Die Parallelität ließe sich noch weiter verfolgen, denn es ist doch auffallend, wenn in beiden Fällen der Lanzenvision das Erlebnis einer Prozession folgt, in der etwas getragen wird und in der die Helden ein weibliches Wesen erblicken, das sie entzückt.

[26] *Le couronnement de Louis*, ed. E. Langlois, *CFMA*, Paris 1925, v. 771. In fünf von sechs Texten, die Martín de Riquer zitiert, ist von Blut *und* Wasser die Rede.

[27] Joh. 19, 34.

[28] Vgl. A. Brown, The bleeding Lace, *Publ. of Mod. Lang. Ass.*, t. XXV, 1900, S. 1 ff; J. Marx, *La légende arthurienne*, a.a.O. S. 129 ff.

[29] A. Micha hat mit Recht darauf aufmerksam gemacht, daß im MS. *M* Vers 6169 bis 6170 fehlen und Vers 6171 *La pes sera par caste lance* lautet.

[30] A. Micha, „Deux Etudes sur le graal“, a.a.O S. 471.

Gewiß, die Schwerpunkte sind hinsichtlich weiblichem Wesen und Getragenem vertauscht. In der Prozession, die Lancelot erlebt, ist der Ritter im Sarg relativ nebensächlich und in der Graalsburgszene scheint es die „damoisele", aber die Parallelität in der Aufeinanderfolge der Szenen bleibt überraschend und läßt eine Analogie auf dem Bereich der Bedeutung zum mindesten als möglich erscheinen.

In diesem Zusammenhang scheint es uns auch erwähnenswert, daß Chrétien ganz offensichtlich das Lanzenerlebnis zu einem Zusammenspiel von Rot und Weiß pointiert. Die Longinuslanze war gewiß nicht weiß, Chrétien arbeitet aber mit besonderer Sorgfalt die Weiße der Lanze heraus sowie ihre Kontrastierung mit dem Rot des Blutes.[31] Das ist unseres Erachtens gezielte Analogie zu Blancheflor (*Et miauz avenoit an son vis Li vermauz sor le blanc assis;* v. 1823f), die auch in der Blutstropfenszene über eine Kombination von Rot auf Weiß Gegenwart werden wird, wobei in allen drei Fällen das Weiß die Funktion des Grundes übernimmt und das Rot ein Element ist, das als Tropfen oder Punkt in dieses Weiß hineingesetzt ist. Wir haben schon in unseren Untersuchungen zur Struktur des *Conte del Graal*[32] darauf hingewiesen, wie abstrakt das Rot auch in der Blutstropfenszene trotz seines Gestiftetwerdens durch beobachtetes Handeln in das Weiß hineingesetzt wird, daß der Falke geheimnisvollerweise seinen Sieg nicht ausnützt, die Wildgans sich ohne Schmerzempfindung wieder erhebt und hierdurch das Blut im Schnee seiner kausalen Verknüpfung mit der Handlung entrückt wird. Die beiden „Blutstropfenszenen" liegen schon auf Grund dieser Abstraktion nahe beieinander, und unseres Erachtens weisen beide, wenn auch mit unterschiedlicher Eindringlichkeit und Klarheit und im Falle der Graalsszene nicht ausschließlich, auf Blancheflor.

Das Bluten der Lanze ist ein schönes Beispiel für die schon oft beobachtete Mehrdeutigkeit der Symbole im *Conte del Graal,* die uns veranlaßte, von absoluten Symbolen zu sprechen. Hier in der Graalsszene kommt dieser absoluten Symbolik besondere Bedeutung zu, wie sich an der blutenden Lanze gut sehen läßt, sie hebt die Schwerkraft irdischer Logik auf, ohne sich in Märchenhaftigkeit zu verlieren, öffnet den weiten Raum alogischen Denkens, das den Gesetzen von Zeit, Raum und Identität entflohen ist. Die Lanze ist nicht mehr eines, sondern mehreres; der sich magischerweise lösende Blutstropfen ist das Rot im Gesicht der Blancheflor, er ist das Blut, das aus dem von Longinus durchbohrten Herzen Christi fließt, er ist das Blut des um seine Fruchtbarkeit gebrachten Vaters Percevals und das des Fischerkönigs.[33]

[31] Diese Weiße ist nicht einfach gleichzusetzen mit Glanz, denn „weiß" ist nicht eine Farbe, die den Eindruck des Glanzes vermittelt, auch typologisch gesehen, erscheint „weiß" eher als Farbe der Festlichkeit und weiblicher Schönheit. Wir können daher Rosa Peebles Hinweis, daß die Lanze wie Kreuz und Nägel glänze, nicht als befriedigende Erklärung für die Weiße der Lanze ansehen (Rosa Peebles, *The Legend of Longinus,* a.a.O. S. 179). [32] Vgl. diese Studie, S. 46f.

[33] Ein Ähnliches ließe sich an Hand des „Feuers" zeigen, das an Tempelfeuer erinnern

Diese Mehrdeutigkeit der Symbole ist, wie Jean Frappier schon hervorgehoben hat,[34] einmal da, um das Interesse des Lesers zu wecken, sie ist aber auch vom *sen* der Graalsburgszene her gesehen notwendig, denn wenn dem Perceval eindeutig christliche Symbole vorgeführt würden, böte sich ihm nicht die Möglichkeit der Bewährung, fiele ihm das Glück kampflos zu, wodurch überdies der Szene jede Spannung genommen würde.

Ist nicht auch die „demoiselle au Graal", in der Mario Roques begründeterweise die Personifizierung der Kirche sehen möchte,[35] mehrdeutig? Mario Roques beruft sich auf die Darstellung der Kreuzigung nach dem *Hortus deliciarum* der Äbtissin Herrade aus der zweiten Hälfte des 12. Jahrhunderts. Dort finden wir unter dem Kreuz neben Longinus die Ecclesia als Frauengestalt, und Mario Roques betont zu Recht von dieser Kirche, daß sie die bestgeeignete ist, den Kelch mit dem Blut dessen zu tragen, dessen Herz von Longinus durchstochen wurde: „elle a recueilli ce sang qui la crée elle-même et qui fait sa mission permanente, et elle porte éternellement le vase où il se renferme".[36] Abgesehen davon, daß hinsichtlich des Graalsinhaltes nie von Blut die Rede ist, sondern von Speisen, stünde der Interpretation nichts im Wege, aber wird man von der „demoiselle au graal" wirklich sagen können, daß sie als Personifikation der Kirche erscheine, daß diese Funktion ihr ästhetisches Gewicht ausmache? Von dem ästhetisch sich Darbietenden, von der durch den Dichter gestifteten Gestalt aber müssen wir ausgehen. Uns will es scheinen, daß diese, die Interpretation von Mario Roques durchaus legitimisierend, im eigentlichen doch einen anderen Eindruck hinterlasse:

Un graal antre ses deus mains
Une dameisele tenoit,
Qui avuec les vaslez venoit,
Bele et jante et bien acesmee.
Quant ele fu leanz antree

mag (vgl. U. T. Holmes, *Chrétien, Troyes, and the Grail,* a.a.O. S. 75), aber auch biblische Reminiszenzen wachruft, weil es ausdrücklich heißt, „von trockenem Holz", so daß man dazu neigen mag, an das „dürre Holz" zu denken, das zu nichts nütze ist und verbrannt wird. Letzteres könnte ein Hinweis darauf sein, in welcher Gefahr für seine Seele sich Perceval befindet. Auch eine Deutung im Sinne der Erotik ist nicht ausgeschlossen.

34 Vgl. Anm. 22.

35 Mario Roques, „Le Graal de Chrétien et la Demoiselle au Graal", *Romania,* t. LXXVI, 1955, S. 1–27. Die These ist inzwischen von Martín de Riquer bestätigt und ausgebaut worden: die Trägerin des Graal ist die Kirche, Hypostasis von Maria; „Interpretación cristiana...", a.a.O. S. 273. Auch für I. Frank, Le cortège du graal et les reliques de Saint-Denis, *Romania,* t. LXXXII, 1961, S. 241–244, ist die *damoisele ecclesia* (ebda., S. 244), er macht jedoch gleichzeitig auf eine interessante Parallele für „ein Mädchen als Reliquienwärterin" aufmerksam, auf Floripas in der *Chanson de Fierabras* (ebda., S. 242).

36 Mario Roques, „Le graal de Chrétien...", a.a.O. S. 17.

Atot le graal qu'ele tint,
Une si granz clartez i vint
Qu'ausi perdirent les chandoiles
Lor clarté come les estoiles
Quant li solauz lieve ou la lune.

Gewiß, mit dem Mädchen tritt ein Licht in den Saal ein, daß die Kerzen ihren Glanz verlieren wie die Sterne vor dem aufgehenden Mond, und die von Mario Roques vorgeschlagene Interpretation wird ja auch durch zahlreiche Hoheliedinterpretationen gestützt, in denen die Kirche als nach ihrem Bräutigam sich sehnende Braut konzipiert wird, auf die man die Worte des *Canticum canticorum* anwendet, daß sie *electa ut sol*[37] sei; auch trägt ja das Mädchen den Graal an dem Bett vorbei, auf dem der Fischerkönig und Perceval sitzen, so daß wir weiterhin in möglichen Vorstellungen der Hoheliedtradition bleiben, der von einer Braut, die ins Brautgemach des Königs zieht, um ihm das in der Meßfeier „neugewonnene" Blut darzubringen. Mario Roques hat also gewiß recht gehabt mit seiner Deutung, aber auf der anderen Seite wird man doch festhalten müssen, daß die Rechnung irgendwie nicht aufgeht. Die *damoisele* ist zu sehr ein ausgesprochen liebenswertes höfisches Geschöpf, als daß man es als reine Personifikation der Kirche sehen möchte. *Bele, gente* und *acesmee* haben nur diesen Zweck, Liebreiz und Adel des Mädchens zu betonen, sie verraten nicht den geringsten Ansatz zur Allegorie, auch wird die *damoisele* durch *qui avuec les vaslez venoit* rangmäßig gar nicht abgehoben etwa von der Art, wie Perceval eingeführt wurde, auch wird sie, wie J. Frappier eingeworfen hat, nicht als *dame,* sondern als *pucele* bezeichnet.[38] Sie scheint, im Gegensatz zum Graal, der etwas geheimnisvoll Erhabenes hat, für Perceval irgendwie erreichbar, und so haben es auch die Fortsetzer verstanden, indem sie die „demoiselle au graal" oft zum Gegenstand recht irdischen Verlangens machten.[39] Auch Perceval selbst wird ganz offensichtlich zunächst durch sie stärker in Anspruch genommen als durch den Graal, so wie ihn später die irdische Nahrung weitaus mehr beschäftigt als die Frage nach der Bestimmung des Graals. Wir glauben auch mit D. D. R. Owen, daß die „Radiance of the Grail",[40] das Strahlen, von dem in Vers 3226 die Rede ist, von Chrétien in bewußter Anpassung an die Perspektive Percevals als von der „damoisele" ausgehend gedacht ist.

[37] Hierzu allgemein Fr. Ohly, *Hohelied-Studien,* Wiesbaden 1958.

[38] J. Frappier, *Chrétien de Troyes,* a.a.O. S. 195. J. Frappier gibt weiterhin zu bedenken, daß beim Eremiten mit *on* von dieser *damoisele* gesprochen wird.

[39] So vor allem der *Lancelot en prose,* wie J. Marx mit Recht betont „Quelques remarques au sujet de récents travaux sur l'origine du Graal", *MA,* LXIII, 1957, S. 469–480, ebda., S. 472.

[40] D. D. R. Owen, „The Radiance in the Grail Castle", *Romania,* t. LXXXIII, 1962, S. 108–117; vgl. auch J. Frappier, *Chrétien de Troyes,* a.a.O. S. 179, sowie jetzt ergänzend M. Tyssens, „Une si granz clartez", *MA,* t. LXIX, 1963, S. 299–313.

Wie sehr das Mädchen die Perspektive beherrscht und nicht der Graal, der erst später in den Vordergrund rückt, geht auch aus dem syntaktischen Anschluß hervor:

> Aprés celi an revint une
> Qui tint un tailleoir d'arjant. 3231

Dann erst kommt Chrétien zum Graal zurück. Das Strahlen mag daher objektiv vom Graal herkommen, wie dies bei Robert de Boron[41] und anderen gesehen wird, Chrétien de Troyes, sehr geschickt aus der Perspektive des naiven Perceval beobachtend, gibt dem emotional Näherliegenden die größere Bedeutung und führt auf es das wunderbare Strahlen zurück. Dem Mädchen, das den Graal trägt, kommt daher gerade als einem irdischen, liebreizenden Geschöpf sehr große Bedeutung in der Graalsszene zu: Chrétien verschleiert das Religiös-Rituelle, indem er den Graal in die Hände eines Höfischkeit verkörpernden Mädchens legt, schafft aber gleichzeitig eine Brücke zwischen der Welt der Höfischkeit und der durch den Graal repräsentierten. Wie das Schloß aus dem Naturfelsen erwuchs, wie Gornemant die Lehren von Percevals Mutter durchaus als Grundlage für die seinen akzeptiert und mit übernimmt, so wird der Graal in die Hände einer Vertreterin der Höfischkeit gelegt, einer *damoisele,* die höfische Werthaftigkeit verkörpert, die *bele et gente et bien acesmee* ist.[42] Wie aber Perceval am Hofe des Königs Artus das wahre Bild von Ritterlichkeit und Höfischkeit nicht erleben kann, seine Mission in ihrem ersten Anlauf scheitern muß, so scheitert auch sein erster Einstieg in die jenseitige Spiritualität der Graalswelt daran, daß diese Welt ihm zunächst nur als Mythos erscheint. In der Eremitenszene erst wird er diese Welt des Graal authentisch erleben als *ars* und *enseignement,* wird sich so das Erlebnis von Gornemant auf der Ebene der Spiritualität wiederholen.

Hier wird bewußt, wie hervorragend der *Conte del Graal* gebaut ist, wie in ihm Parodie, absolute Symbolik und Ambiguität der authentischen Erscheinung vorausgeschickt werden, ihr präludieren und stufenweise zu ihr hinführen.

Aus diesem Grunde kann auch der Graal zu diesem Zeitpunkt noch nicht als das erscheinen, was er nach den Enthüllungen des Eremiten ist. Das Wort *graal* lehrt es nur zu eindeutig, es heißt nun einmal nicht „Kelch", Ciborium oder Pyxis,[43] bezeichnet nicht einmal eindeutig ein liturgisches Gefäß. Die

[41] Robert de Boron, *Joseph d'Arimathie,* v. 717–720; éd. W. A. Nitze, *CFMA,* 1927.

[42] D. D. R. Owen, a.a.O., kann dagegen nicht überzeugen, wenn er das „Mädchen mit dem Graal" auf keltische Quellen zurückzuführen versucht. Er selbst schwächt seine These schon bis auf ein Minimales ab: „It is none the less possible that certain descriptive features may have passed from the Celtic tale into Chrétien's source and thence into the part of his poem we are considering" (ebda., S. 114).

[43] E. Anitchkof („Le Saint Graal et les rites eucharistiques", *Romania,* t. LV, 1929, S. 174–194) erklärte ein wenig apodiktisch „Le saint Graal, c'est le calice: aucun conteur, aucun trouvère du moyen âge n'en a douté" (ebda., S. 174). E. Anitchkof hat sich zu sehr von Robert de Boron leiten lassen, auf dessen Identifikation des

vielzitierte Definition von Helinand de Froidmont aus dem Anfang des 13. Jahrhunderts ist eindeutig: „*Gradalis autem sive gradale gallice dicitur scutella lata et aliquantulum profunda, in qua preciosae dapes cum suo jure divitibus solent apponi gradatim, ... et dicitur vulgari nomine graalz.*“ [44] Es handelt sich um ausgesprochenes Essensgeschirr, und Jean Frappier betont mit Recht „Ainsi la présence d'un graal au château du Roi Pêcheur ne rappelait normalement aux imaginations, d'emblée, qu'un usage et un luxe de la vie aristocratique“, wobei wir nicht einmal die im folgenden angefügte Einschränkung voll gelten lassen können („à cette différence près que la pièce d'orfèvrerie qui intrigue Perceval est d'un éclat et d'une splendeur incomparables“),[45] da dieses Leuchten in der Graalsszene nicht eindeutig auf den Graal zurückgeführt wird.

Man wird auch nicht, wie A. Pauphilet vorschlug, sagen dürfen, „Chrétien ne savait pas ce que c'était qu'un graal et personne au moyen âge ne l'a su d'abord“,[46] denn, wie Mario Roques gezeigt hat, reicht das Wort in den Mundarten bis nahe an den Bereich von Troyes heran,[47] und das lateinische *gradalis* ist schon zu Anfang des 11. Jahrhunderts in einem Zusammenhang belegt, der die Bedeutung „Gefäß“ nahelegt.[48] Für das 13. Jahrhundert zeigt es sich, wie Du Cange (ebda) lehrt, eindeutig als Küchen- oder Tafelgeschirr.

Wenn wir weiter bedenken, daß es in der Eremitenszene heißt „*Mes ne cuidiez pas que il et Luz ne lamproies ne saumon*“ (v. 6420f) und darüber hinaus die Vorstellung des Servierens wie bei Tisch vorherrscht (*cui l'an an*

Graals als *calices* (v. 909) sie sich beruft (ebda., S. 182). – Alexandre Micha („Deux Etudes sur le graal“, *Romania,* t. LXXIII, 1952, S. 462–479, ebda., S. 463ff) sieht im Graal mit mehr Berechtigung eine *Pyxis* „c.-à-d. un vase destiné à contenir la réserve eucharistique: le terme s'appliquant aussi bien aux grands ciboires *(turres)* qu'aux petits vases de viatique“ (ebda., S. 463). Martín de Riquer, „Interpretación cristiana...“, a.a.O. S. 251ff, weist zur Unterstützung dieser These darauf hin, daß im 12. Jh. eine *Pyxis* Verwendung fand „en que la copa se parecía mucho a un plato“ (ebda., S. 261).

[44] Zit. nach J. Frappier, weiter unten S. 188.
[45] Ebda.

[46] *Le legs du moyen âge,* Melun, 1950, S. 182.

[47] „Le Nom du Graal“, in *Les Romans du Graal,* a.a.O. S. 5–14; vgl. auch ders., „Le Graal dans les parlers d'oïl“, Mélanges W. A. Nitze, *Romance Philology,* vol. IX, 1955, S. 196ff.

[48] *Gradales duas de argento* (1010), *Du Cange,* IV, S. 91; Jean Frappier führt weitere Belege an aus der *Chanson de Geste* des Girart de Roussillon (éd. W. M. Hackett, v. 1622 – *grëaus ab aur batuz*) und aus dem *Roman d'Alexandre,* wo es von einem Pilger heißt, er habe mit dem Seneschal aus *einem Graal gegessen* (*The Medieval French Roman d'Alexandre,* vol. III, prep. by A. Foulet, Princeton, 1949, S. 91, v. 611); nach J. Frappier, *Chrétien de Troyes,* a.a.O. S. 188. – Zur Etymologie von *graal* jetzt (Th. Gossen, *Vox Romanica,* 18, 1959, S. 177–219. C. Th. Gossen nimmt Kreuzung von *crater, -a* + *garale, -is* (= Saucière, von *garum,* Fischsauce) an.

servoit; v. 3245),[49] so scheint uns doch leidlich festzustehen, daß mit *graal* die Vorstellung eines Geschirrs evoziert wird, in dem man Essen aufträgt. Von hier aus gesehen, erhält auch die *damoisele* eine neue Möglichkeit der Interpretation, man könnte sie ganz einfach als ein Mädchen auffassen, das in einem anderen Zimmer die Speisen serviert und dabei jeweils durch den zentral gelegenen Saal gehen muß, in dem der Fischerkönig und Perceval sitzen. Die Tatsache, daß sie von zwei Dienern begleitet wird, würde dann ihre Erklärung darin finden, daß sie die Speisen zu einem rangmäßig hochstehenden Kranken tragen muß und daß es überdies Abend ist, man also Licht benötigt. Wie wir später erfahren, wird ja in der Tat mit dem Graal der Vater des Fischerkönigs bedient, der fünfzehn[50] Jahre lang sein Zimmer nicht mehr verlassen hat und mit der Nahrung aus dem Graal sein Leben erhält.

Doch folgen wir dem Geschehen auf der Graalsburg.

Es wird also ein Graal vorbeigetragen, ein Essensgeschirr, von dem der unvoreingenommene Zuschauer annehmen darf, daß es Speisen enthält. Es wird von einem Mädchen getragen, das, in Handlungseinheit mit dem Graal, den Saal mit einem strahlenden Licht erfüllt. Hinter diesem Mädchen geht ein zweites, das eine silberne Vorschneideplatte trägt:

> Aprés celi an revint une
> Qui tint un tailleor d'arjant. 3231

Beide gehen an Perceval und dem Fischerkönig vorbei in jenes andere Zimmer, in dem wir den Vater des Fischerkönigs vermuten. Bei dieser Gelegenheit erfahren wir, daß auch die blutende Lanze dorthin getragen worden ist, wodurch unsere Annahme, daß die Lanze unter anderem symbolischer Hinweis auf die schicksalhafte Verwundung ist, die das Königtum erlitten hat, gestützt wird. Gleichzeitig bestätigt der *tailleor,* den das zweite Mädchen trägt, unsere Vermutung, daß der Graal im Zusammenhang mit einem Servieren von Speisen steht.

Man hat in dem *tailleor* verschiedentlich eine Patene erblicken wollen, Alexandre Micha schlug vor, in ihm ein *scutellum* zu sehen, „c.-à-d. un petit plateau, une soucoupe métallique qui empêche, en cas d'accident, l'hostie de tomber à terre. La patène elle-même, dans le haut moyen âge, était utilisée à cet usage".[51] U. T. Holmes möchte in ihm sogar im Zusammenhang mit seiner These vom *Conte del Graal* als Allegorie der Konversion der Juden die Gesetzestafel sehen,[52] aber solche Vorstellungen gibt das zweifellos schon ety-

[49] Vgl. auch *Conte del Graal,* v. 3302.

[50] Nach *M* und Q sind es elf, nach *B F H R T V* zwölf, nach *C P S U* zwanzig Jahre.

[51] A. Micha, „Deux études sur le Graal", a.a.O. S. 464.

[52] U. T. Holmes, *A New Interpretation...,* a.a.O. S. 13; vgl. auch ders., *Chrétien, Troyes, and the Grail,* a.a.O. S. 80. Entsprechend sind auch die anderen Elemente der Graalsburgszene bei U. T. Holmes gedeutet, so ist der Graal „the vessel of manna", die Lanze „Aaron's rod", das Blut „the blood of sacrifice made by the High Priest" (ebda.).

mologisch gesehen ein Schneiden implizierende Wort nicht her, zumal wenig später beim Mahl ein *tailleor d'arjant* verwendet wird, auf ihm ein Diener Hirschlende zerlegt, von der er jedem ein Stück auf eine ganze Scheibe Brot legt:

> Uns vaslez devant aus trancha,
> Qui a soi treite la hanche a
> Atot le tailleor d'arjant,
> Et les morsiaus lor met devant
> Sor un gastel qui fu antiers.

Man beachte, daß in beiden Fällen ganz schlicht von *tailleor d'arjant* die Rede ist, nicht im geringsten unterschieden wird.

Der *tailleor d'arjant* hat also gewiß, für sich betrachtet, nichts mit Eucharistie zu tun, und es bedeutet eine ungerechtfertigte Übertragung von aus der Eremitenszene gewonnenen Perspektiven auf die Graalsburgszene, wenn man für *tailleor* die Bedeutung „Patene" ansetzt.

Es soll damit nicht bestritten werden, daß in der Art, wie der *tailleor* in Prozession hinter dem Graal hergetragen wird, eine Deutung im Sinne von „Patene" oder *scutellum* bis zu einem gewissen Grade nahegelegt wird, aber es handelt sich nicht um mehr als eine durch die Handlung gestiftete Analogie, die Identität ausschließt. Es wird auch hier wieder ein Fluidum von Spiritualität geschaffen, das dem christlich Sakralen präludiert, aber letztlich ganz entschieden im Bereich des Mythischen bleibt.

Eher als der *tailleor* wäre schon der *gastel antiers* ein Moment, das im Sinne der Eucharistie gedeutet werden könnte, denn die Hirschlende wird auf eine Scheibe Brot gelegt, und von dieser Scheibe heißt es ausdrücklich, daß sie ganz ist. Wir haben den Eindruck, daß diese Geste mit zur Orchestration geheimnisvoller Symbolik gehört, die der ganzen Graalsszene eigen ist. Perceval wird hier erneut über das Zeichen auf seine Sendung hingewiesen, einmal, indem ihm Hirschlende serviert wird, worin vielleicht ein verschleierter Hinweis auf die Lendenverletzung des Königs liegt, sodann, insofern dieses Lendenstück auf ein unberührtes Brot gelegt wird, auf ein in Form und Substanz der unkonsekrierten Hostie Analoges und so Perceval in der stummen Sprache des Jenseits den Hinweis erhält, daß er berufen ist, das sieche Rittertum *(hanche)* mitsamt seiner Welt höfischer Liebe *(cerf)* kraft der Gnade zu erlösen.

Unterdessen wird der *graal* zurückgetragen, denn der erste Gang ist serviert (*retrespassa;* v. 3291), und bei jedem neuen Gang sieht Perceval ihn wieder vor sich vorbeiziehen, und zwar *trestot descovert*:

> Qu'a chascun més don l'an servoit
> Par devant lui trespasser voit
> Le graal trestot descovert,

Um dieses *trestot descovert* hat sich bekanntlich eine lebhafte Diskussion zwischen Jean Frappier und Alexandre Micha entwickelt, wobei Jean Frappier die Deutung „non caché, très apparent, tout à fait visible“ vorschlug, eine Deutung, die das *trestot descovert* aus dem Zusammenhang der Szene erklärt, in ihm ein Spannungsmoment sieht: „Perceval voit parfaitement le Graal, le Graal lui crève les yeux, et il ne se décide jamais à poser la question ... Ainsi, le vers 3301 serait en rapport étroit et logique avec le *leitmotiv* de la scéne: le silence obstiné de Perceval.“ [53] Alexandre Micha dagegen versucht zu erhärten, daß dieses *trestot descovert* aus den Gepflogenheiten einer Krankenkommunion zu erklären sei, wobei er sich unter anderem darauf berufen kann, daß bei dieser gewöhnlich Leuchter vorausgetragen wurden, wie dies auch in der Graalsprozession der Fall ist.[54] Alexandre Micha nimmt an, daß beim ersten Vorbeitragen des Graals, bei dem Chrétien nichts davon erwähnt, daß dieser *trestot descovert* sei, der Graal, und das heißt für A. Micha die *Pyxis*, nicht mehr den Verschluß gehabt habe, wohl aber noch die *custodis (linteo mundo superposito)*, wie es für die Krankenkommunion Vorschrift war. Beim zweiten Vorbeitragen aber, nach der Kommunion des Kranken, sei der Graal *trestot descovert* gewesen, habe die *Pyxis* weder Verschluß noch Schleier *(custodis)* gehabt.[55] Auch die Crux, die darin besteht, daß ein Mädchen den Graal trägt, ließ sich als nicht unüberwindlich erweisen, konnte sich doch A. Micha diesbezüglich auf die *Gemma Ecclesiastica* berufen, in der es heißt: *Pervenit ad notitiam nostram quod quidam presbyteri tantum parvipendant divina misteria, ut laico aut feminae sacrum corpus Domini tradant ad deferendum infirmis.*[56]

Gegen die These von A. Micha sei zunächst auf Grund ihrer textlichen Grundlage eingewendet, daß nirgends davon die Rede ist, daß n a c h der vermeintlichen Kommunion der Graal *trestot descovert* zurückgetragen werde. Es heißt vielmehr ausdrücklich, daß Perceval bei jedem Gang, der serviert wird, den *graal trestot descovert* vorbeitragen sieht. Es wäre sogar durchaus legitim, hieraus zu deduzieren, daß auch beim ersten Erscheinen des Graals dieser *trestot descovert* war und Chrétien es erst jetzt erwähnt, um eine neue Spannungssteigerung zu bewirken. Wie soll man bei Annahme eucharistischer Bedeutung erklären, daß der Graal bei jedem Gang hin und hergetragen wird? Man wird doch nicht annehmen wollen, der Kranke im anderen Zimmer kommuniziere wiederholt, bewußt im Einklang mit dem profanen Mahl, denn das wäre ein Sakrileg; auch ist wohl kaum anzunehmen, daß sich im Zimmer soviel Kranke befinden wie das Essen Gänge umfaßt, was überdies noch eine recht unökonomische Handhabung der Krankenkom-

[53] Jean Frappier, „Sur l'interprétation du vers 3301 du *Conte du Graal*“, *Romania*, t. LXXI, 1950, S. 240–246, ebda., S. 244; vgl. auch ders., „Du ‚Graal trestot descovert‘ à la forme du Graal chez Chrétien de Troyes“, *Romania*, t. LXXIII, 1952, S. 82–92; ders., „Du ‚graal trestot descovert‘ à l'origine de la légende“, *Romania*, t. LXXIV, 1953, S. 358–375.

[54] *Conte del Graal*, v. 3214 ff.

[55] A. Micha, „Deux études sur le graal“, a.a.O. S. 466.

[56] *Gemma Ecclesiastica*, I, c. 1 (Ed. Brewer, S. 13), nach A. Micha, S. 467.

munion wäre, denn man könnte doch gleich mehrere konsekrierte Hostien mitnehmen! Gewiß, der Hinweis auf byzantinischen Ritus könnte diese „mangelnde Ökonomie“ erklären, aber doch wohl kaum die These, daß hier im Rhythmus mit einem profanen Mahl mehrfach die Krankenkommunion vorbeigetragen wird, zumal auch das dazu verwendete Geschirr, Graal und *tailleor*, eindeutig Essensgeschirre sind,[57] letzteres sogar ausdrücklich als beim profanen Mahl verwendet Erwähnung findet.

Es ist wohl so, wie Jean Frappier vorschlug: Chrétien betont, daß der Graal *trestot descovert* ist, um zum Ausdruck zu bringen, daß alles geschieht, um die Neugierde Percevals zu wecken und ihm geradezu die Frage in den Mund zu legen, wem der Inhalt des Graals serviert wird. Die Speisen werden in dem unverdeckten Graal vorübergetragen, so daß Perceval ganz klar sieht, hier wird noch jemand bedient, der nicht mit ihm zusammen ist. Seine Neugierde wird auch in der Tat in vollem Umfang geweckt:

> Mes il ne set cui l'an an sert, 3302
> Et si le voldroit mout savoir;

Man beachte jedoch, daß diese Neugierde sich in keiner Weise auf den Inhalt des Graals bezieht, sondern daß Perceval sich nur fragt, wem man diesen Inhalt serviert. Es scheint für Perceval über jeden Zweifel erhaben, daß es sich um Speisen handelt, ja vielleicht sieht er dies, denn sonst hätte sich seine Neugierde auch ein wenig auf den Inhalt des Graals beziehen müssen. Er fragt sich aber nur *cui l'an an sert*, und dieses *cui l'an an s e r t* steht parallel zu und in Sinneinheit mit *Qu'a chascun més don l'an s e r v o i t*, es legt daher ein gleiches Tun, ein Servieren im Sinne des Auftragens von Speisen nahe. Wenn daher das Verb *servir*, in sich gesehen, eucharistischen Zusammenhang nicht ausschließt, da „servir l'hostie“ eine durchaus denkbare Verbindung ist,[58] so mußte sich doch im unvoreingenommenen Zuhörer profaner Sinn aufdrängen.

Überdies bedenke man, daß, wie schon erwähnt, eine Vorschneideplatte hinterhergetragen wird, eine Vorschneideplatte *(tailleor)*, wie sie auf dem Tisch zum Zerlegen der Hirschlende verwendet wird.

Man hat es also Perceval nicht leicht gemacht, die spirituelle Bedeutung des Graal zu erkennen, für ihn als unvoreingenommenen, die Eremitenszene noch nicht erlebt habenden Zuschauer mußte sich hier in vielleicht ungewöhnlicher Aufmachung ein Schauspiel darbieten, das die Frage *cui l'an an sert* nur als aus menschlicher Neugierde gestellt nahelegte. Wenn Perceval diese Frage daher nicht stellt, so ist dies ein Verstoßen gegen eine magischerweise ihm zufallende Aufgabe, das von ritterlicher Diskretion diktiert wird. Es

[57] Vgl. Jean Frappier, *Chrétien de Troyes*, a.a.O. S. 187.

[58] Vgl. *Conte del Graal*, v. 6415, wo der Eremit die gleiche Wendung bringt. Man beachte aber, daß der Eremit eine andere eintreten läßt, als er die Identifizierung ausdrücklich vornimmt: *Que l'an an cest graal li porte* (v. 6423).

wäre menschlich naheliegend, aber zweifellos indiskret gewesen, zu fragen, wen man da noch bedient. Man muß sich dessen bewußt werden, um zu erkennen, daß Perceval durch sein Positives sündigt, so wie er beim Ausgang durch ein Positives, durch sein Ja zur Berufung gesündigt hat. Von Sünde im theologischen Sinn kann, zum mindesten auf der Graalsburg, nicht die geringste Rede sein. Die ganze Ordnung, in der wir hier stehen, ist nicht eine religiöse, sondern eine mythische. Perceval versündigt sich unbewußt gegen eine ihm magischerweise zukommende politische, vielleicht gesellschaftspolitische Sendung, die ihm die Begegnung mit dem Jenseitigen, die seltsame Verwundung des Fischerkönigs, die auf die Gegenwart eines Kranken von hohem Rang schließen lassende Graalsprozession hätte in Erinnerung bringen müssen, weiß er doch von seiner Mutter, daß er der letzte Sproß eines Geschlechtes ist, das einst großen Ruhm genossen hat und dessen vornehme Häupter im Exil gestorben sind.

Ist es möglich, hier nicht an Aeneas zu denken und an die *Aeneis* des Vergil? Werner Ziltener Buch über *Chrétien und die Aeneis*[59] behandelt diesen Aspekt nicht, ebensowenig wie F. E. Guyer, der sich in *Romance in the Making*[60] um den Einfluß von Vergil auf Chrétien bemüht hat. Im Zusammenhang unserer Interpretation drängt sich jedoch dieser Gedanke geradezu auf, besteht doch, abgesehen von den Übereinstimmungen zwischen *Conte del Graal* und *Aeneis* beim „Einstieg in die Unterwelt",[61] eine profilierte Analogie zwischen der Situation Percevals und der des Aeneas, wenn auch die Akzente verschoben sind.

Perceval ist berufen zu einem *alter Aeneas,* berufen zur mythischen Transzendenz, die in eine politische Aufgabe einmünden soll. Aber im Gegensatz zu Aeneas ahnt er von all dem nichts. Er weiß nicht, welche Bedeutung im Verkehr mit Jenseitigen der Frage zukommt, weiß nicht einmal, daß er sich überhaupt im Jenseits oder an der Schwelle zum Jenseits befindet, daß er unter dem Gesetz jenes Reiches steht, in dem nicht nur Schwerkraft und Identität bis zu einem gewissen Grade aufgehoben sind, sondern in dem der Sprache eine neue Bedeutung zukommt, dies vor allem im Verkehr von diesseitigen mit jenseitigen Menschen. Die Visionen des Jenseitigen pflegen dies als stumm oder nicht artikulierte Laute ausstoßend vorzustellen, mit einer Ausnahme: daß es dem die Jenseitswanderung vollziehenden Menschen gegeben ist, Fragen an sie zu richten, sie anzusprechen. So heißt es bei Vergil immer wieder von Aeneas, daß er als erster spricht *(sic prior adloquitur),*[62] und sein erstes Sprechen in der Unterwelt ist ein Fragen:

[59] Werner Ziltener, *Chrétien und die Aeneis,* Graz-Köln 1957.

[60] F. E. Guyer, *Romance in the Making,* New York 1954.

[61] Vgl. Ausführungen S. 117 f, 122.

[62] VI, 341; vgl. ebda., v. 455: *adfatus amore est,* v. 499. Eine Ausnahme scheint v. 387: *sic prior adgreditur dictis atque increpat ultro,* denn hier spricht der Fährmann als erster. Man bedenke jedoch, daß es bei diesem Sprechen um ein Abweisen geht, keineswegs aber um ein Erklären.

«dic» ait, «o virgo, quid vult concursus ad amnem?
quidve petunt animae? vel quo discrimine ripas
hae linquunt, illae remis vada livida verrunt?» [63]

Sicher, Aeneas hat es besser, er hat eine ihm eigens zum Antworten bestellte Führerin zur Seite, eine *longaeva sacerdos.* Chrétien hat das vermieden, er zieht es vor, Perceval scheitern zu lassen und ihm erst dann einen *sacerdos* zur Unterweisung beizugeben, wenn er die Chance, in der Unterwelt Rat zu holen, vertan hat. Perceval wird nicht aus dem Jenseits jenen gewaltigen Vers als Lehre mit heimnehmen und für seine *patria* umsetzen können, der Aeneas aus den Bildern des Unglücks entgegenklingt:

«discite iustitiam moniti et non temnere divos.« [64]

Er ist dazu berufen, aus der Begegnung mit dem Jenseits heraus das Reich seiner Ahnen als ein *alter pius Aeneas* aufzubauen, aber er findet nicht zur Frage und ahnt nicht, daß der Aufschub, den er sich gewährt, die Tatsache außer acht läßt, daß die Jenseitigen ihm nur im Schoße der Nacht und nur im Schoße dieser einen schicksalhaften Nacht Auskunft geben können, ahnt nicht, daß während seiner seichten Gespräche und seinem Essen die Zeit verstreicht, jene Zeit, die auch die Gespräche des Aeneas in der Unterwelt überschattet:

«nox ruit, Aenea; nos flendo ducimus horas.[65]

Das Jenseits setzt alles in Szene, um ihm die Frage förmlich in den Mund zu legen, verweist über das Zeichen auf die Gegenwart eines Anderen, Außerirdischen, aber weiter entgegenkommen kann es nicht, denn es ist in allen wesentlichen Punkten zum Schweigen verurteilt. Der Fischerkönig begrüßt Perceval als den schicksalhaft Berufenen, er überreicht ihm das Schwert, das auch Aeneas in die Unterwelt begleitet hat und das er zu wiederholten Malen auf seiner Wanderung zog; er weiß, daß er in Perceval den zum Erlöser seines Geschlechtes Bestimmten vor sich hat,[66] aber als Jenseitiger darf er dies nicht sagen, außer wenn er gefragt ist. Er kann nur Zeichen setzen, die in absoluter Weise Sprache sind, Perceval im Sinne seiner Berufung ansprechen, aber die Zunge ist ihm gebunden, solange nicht Perceval in die Haltung des Fragenden eintritt, in die dem Überirdischen gegenüber gebührende Haltung des Staunens als Weg zur Quaestio *(miratus enim motusque tumultu).*[67] Perceval aber versteht die Zeichen nicht, die ihn umgeben, merkt gar nicht, wel-

[63] Ebda., v. 318 ff. [64] Ebda., v. 620.

[65] Ebda., v. 539.

[66] Man beachte auch, daß schon von der Tatsache her gesehen, daß Perceval im Jenseits einen Verwandten trifft, der ihm eine Sendung ins Bewußtsein rufen soll, sich humanistisches Gedankengut als Quelle anbietet, wird doch in der lateinischen Literatur die Jenseitsgerichtetheit mit Vorzug unter der Form von Generationsbindungen und im Zeichen einer Erneuerung der Sendung gestaltet (vgl. auch Cicero, *Somnium Scipionis*).

[67] Ebda., v. 317.

ches Fluidum von Spiritualität ihn umfängt, um ihn herum eine Spannung kreiert, die geradezu nach Lösung in der Frage schreit.

Hier wird bewußt, daß Chrétien de Troyes die Gegebenheiten der *Aeneis* entscheidend umgeprägt hat, wird klar, daß der Besuch des Perceval im Jenseits trotz klarer Analogie zu des Aeneas Treffen mit Anchises in der Unterwelt in einen ganz anderen Zusammenhang gestellt wurde, der auch die Akzente des Besuches stark verschiebt. Der *Conte del Graal* ist keine *Aeneis*, wenn auch das sechste Buch der *Aeneis* Chrétien Anregungen gegeben haben dürfte für die Gestaltung der Graalsburgszene. Ein solcher Gedanke wäre schon unmöglich wegen der Rolle, die das „enseignement" im *Conte del Graal* hat; dies zeigt sich aber auch in der Gestalt Percevals, in ihrer unlösbaren Verquickung mit dem Begriff Schuld. Auch ist zu bedenken, daß Perceval im Gegensatz zu Aeneas sich nicht aus dem dualen Gegenüber mit einer Aufgabe definiert, sondern daß er in erster Linie ein sich Entwickelnder ist. Diese Entwicklung, für die ihm bestes „enseignement" Hilfestellung geleistet hat, für die ihm die Summe ritterlicher *Ars* geboten worden ist, hat ihn stufenweise hinaufgeführt und ihn reif machen sollen für die eschatologische Begegnung mit dem Jenseitigen, mit den Ahnen, die ihm, wie Anchises dem Aeneas, ihre Lehren mit auf den Weg hätten geben können. Aber paradoxerweise ist es gerade dieses „enseignement" des Ritters Gornemant, das ihn an seiner Aufgabe scheitern läßt.

Warum gibt Chrétien den Dingen diese Entwicklung? Will er das Rittertum nicht nur als Praxis,[68] sondern auch als *Ars* desillusionieren? Will er es zum mindesten als den Ansprüchen einer letzten Sinngebung, einer Erlösung von Schuld nicht gewachsen, als hier nicht kompetent erweisen?

Percevals Ausritt, um sich zum Ritter schlagen zu lassen, fiel zusammen mit seiner ersten Sünde, das, was seiner Intention nach vom Ungeprägten zum Ritterlichen führte, war also gleich zu Anfang des *Conte del Graal* Schuld. Die zweite wesentliche Schuld, die Perceval auf sich lädt, indem er auf der Graalsburg nicht zur Frage findet, geht wieder zu Lasten des Rittertums, seiner *Ars*, die ihn irregeführt hat, die in ihm jene für die Transzendenz so äußerst günstige Disposition des *studium quaerendi* verschüttet hat.

Ist der *Conte del Graal* ein *circulus vitiosus*, eine Parodie?

Es wäre verfrüht, wollten wir an diesem Punkt unserer Untersuchung schon eine definitive Antwort auf diese Frage geben, wir müssen dies zurückstellen bis nach der Einbeziehung der Eremitenszene. Soviel kann aber schon jetzt gesagt werden: wenn es berechtigt ist, von einem Aufstieg im *Conte del Graal* zu sprechen – und Perceval wird zweifellos durch ritterliche *Ars*, durch „chevalerie", „amor" und „aventure" geformt und damit hinaufgeführt, setzt sogar zu einer mythischen Transzendenz an –, so ist es doch unübersehbar, daß dieser Aufstieg scheitert, in die Wüste der Gottverlassenheit führt, in der Perceval nach eigenem Bekenntnis keinen Schritt vorwärts gekommen ist

[68] Vgl. weiter oben, S. 101 ff, 108.

(*onques puis, certes, n'amandai;* v. 6378), wenngleich er die ritterliche *Ars* vortrefflich beherrscht, einen besiegten Ritter nach dem anderen zum Hofe von König Artus schickt, ja der *joie de la cort* gewürdigt worden ist.

Welche Bedeutung kommt aber dann dem gescheiterten Besuch der Graalsburg zu? Was soll diese in ihrer Symbolik bewußt mehrdeutig gehaltene Szene,[69] in der keltische Motive stark in den Vordergrund treten,[70] mit christlicher Symbolik, höfischer Thematik und humanistischem Gut eine unentwirrbare Mischung eingehen, deren Mehrdeutigkeit und Interesse sich in einem Gegenstand kristallisiert, der als Essensgeschirr zweifellos mehr von einem Speisen liefernden „récipient d'abondance" hat[71] als von einem Kelch (dem man indes auch Analogie zur *paropsis* des letzten Abendmahles nicht absprechen kann,[72] der überdies von einem Mädchen getragen wird, das man als Personifikation der Kirche deuten könnte, aber eher den Eindruck eines Höfischkeit darstellenden Geschöpfes erweckt)?

Die Szene bezweckt unseres Erachtens ein Ähnliches wie die „Erscheinung der Ritter", „das angebetete Zeltfräulein", „das Zelt Gottes", „der Esel", „das Sichneigen des Gornemant" und „die Himmelfahrtsprozession in Belrepeire", nur in gesteigerter Form; sie ist Ausdruck jenes *crescendo* eines noch ungenannten Spirituellen, das den *Conte del Graal* in steigendem Maße erfaßt und in der mythischen Transzendenz seinen ersten Höhepunkt findet. Aber dieser Höhepunkt liegt immer noch im Uneigentlichen, in ihm reflektiert sich wie in einem Spiegel das noch bevorstehende wesenhaft Spirituelle.

Wenn diese mythische Transzendenz, die im Bereich des sensus litteralis stark von vergilischen, aber auch keltischen Vorstellungen geprägt wird, fehlschlägt, so deshalb, weil ihr in der Struktur des *Conte del Graal,* im Aufbau seines *sen* nur provisorische Bedeutung zukam. Es wiederholt sich hier im Bereich der *pietas,* was wir schon in dem des Rittertums erlebt haben. Wie das

[69] Vgl. J. Frappier, Le Graal et l'hostie", a.a.O. S. 68: „C'est volontairement, en artiste très conscient, que selon nous Chrétien a laissé subsister ou a créé autour du graal un halo d'incertitude."

[70] Die profilierteste Analogie zu verwundetem Fischerkönig, auf Betten sitzenden Helden und quadratischem Festsaal scheint uns doch immer noch die von J. Marx zur keltischen Literatur herausgearbeitete.

[71] Jean Frappier, „Le Graal et l'hostie", a.a.O. S. 71, nennt drei Hauptmerkmale der „récipients d'abondance", von denen seiner Auffassung nach die beiden ersten im Graal gegeben sind:
1°) la production spontanée, l'auto-production, de la nourriture dans ou par le récipient, du contenu dans ou par le contenant;
2°) le renouvellement ininterrompu ou répété de la nourriture;
3°) son abondance merveilleuse.
Die stetige Erneuerung des Graalsinhaltes sieht J. Frappier gegeben auf Grund des *vient* in „l'oiste qui el graal vient" (v. 5428), was er deuten möchte als „die Hostie, die im Graal entsteht".

[72] Vgl. P. Imbs, „L'élément religieux dans le Conte del Graal de Chrétien de Troyes", *Les Romans du Graal,* a.a.O. S. 31–53, vor allem S. 44.

Rittertum als sagenumwobene Artuswelt versagt und Perceval unverrichteter Dinge davonziehen lassen muß, so scheitert auch die Entsprechung im Bereich des Jenseitigen, scheitert die mythische Transzendenz. Wie aber das Rittertum als „enseignement" und Praxis ihm weiterverhilft, so auch das Jenseitige als theologsiches „enseignement", das ihm durch den Eremiten zuteil wird.

VIERTES KAPITEL

Der *sen* des *Conte del Graal*

Wir haben Percevals Weg verfolgt bis hinein in die Erfahrung mythischer Eschatologie, wir haben auch schon im ersten Teil unserer Untersuchungen gesehen, daß Perceval nach dem gescheiterten Ansatz zur mythischen Transzendenz von seiner Base, dann von der *pucele cheitive* in eine geheimnisvoll mit seinem Geschick verwobene tiefe Schuld eingeweiht wird, daß ihm nahegebracht wird, er habe durch sein Schweigen auf der Graalsburg viel Leid über die Welt gebracht.

Perceval hat sich zwar aus dem tiefen Elend, das ihn mit diesen Eröffnungen umfaßte, wieder emporgearbeitet bis zur *joie de la cort*, hat Rittertaten vollbracht und getanes Unrecht wieder gutgemacht, hat sich im höfischen Gedenken an die Geliebte geläutert, aber dennoch kommt er nicht entscheidend weiter, wie die Erscheinung der *pucele sor la mule* inmitten der *joie de la cort* zeigt, er aber auch in der Eremitenszene selbst von sich bekennt.[1]

Perceval bedarf anderer Hilfe, bedarf einer höheren *Ars*, um die Schuld zu lösen, in die er sich verstrickt hat, bedarf auch der Gnade Gottes, die ihm die Fürsprache seiner Mutter erwirkt.[2] Hier kommt also endlich das zum Durchbruch, dem das ganze Medium des *Conte del Graal* präludiert, das Spirituelle, und zwar als „enseignement" (Theologie) und Praxis (Gnade). Dieses Spirituelle gibt sich unzweideutig in christlicher Form, wie Beichte, Eremit und Hostie lehren. Aber wird man sagen können, daß hierdurch auch das Voraufgehende, der Besuch auf der Graalsburg, die Schuld Percevals als eindeutig christlich ausgewiesen würden?

Wovon soll denn Perceval erlöst werden?

Wir haben schon die von M. Lot-Borodine[3] und Martín de Riquer[4] vorgeschlagene Deutung der Schuld Percevals als Todsünde, von der er nur durch das Sakrament der Buße gelöst werden könnte, zurückgewiesen, da zum Begriff der Todsünde der freie Wille und die klare Einsicht gehören, beides ist

[1] *Conte del Graal*, v. 6378. [2] *Conte del Graal*, v. 6403 ff.

[3] M. Lot-Borodine, „Le *Conte del Graal* de Chrétien de Troyes et sa présentation symbolique", *Romania*, t. LXXVII, 1956, S. 235–288, ebda., S. 270.

[4] Martín de Riquer, „Interpretación cristiana...", a.a.O. S. 223.

aber beim Sündenfall Percevals nicht gegeben. Auch ist diese Interpretation nicht geeignet, den Gesamt-*Sen* des *Conte del Graal* zu erklären, denn welche Bedeutung sollte dem „enseignement", welche der mythischen Transzendenz in einer solchen „interpretación cristiana" zukommen? Wir sind aber der Überzeugung, daß der *Sen* des *Conte del Graal* nicht aus einer Anzahl von Detail-*Sens* bestehen kann, die einander widersprechen, sondern daß dieses Werk von einer inneren Folgerichtigkeit getragen wird, hinter der sich ein *Sen* birgt. Dieser eine *Sen* kann u. E. nicht der christliche sein, sondern nur einer, der fähig ist, *Silva, chevalerie et avanture*, mythische Eschatologie und christliche Spiritualität zu umspannen; es muß ein *sen* sein, der eschatologische Struktur in sich birgt, ohne daß diese notwendigerweise christlich sein müßte, der eine Erklärung für das in der *gaste forest* und im *nice Perceval* sich manifestierende Element chaotischer Stofflichkeit bietet, der dem Elementaren große Bedeutung beimißt und zugleich dem „enseignement" als formendem Prinzip, ein *sen*, der eine *Eschatologie* aus eigenen Kräften zu erklären vermag, sich aber auch nicht der Erkenntnis versagt, daß es zur letzten Vollendung der Gnade bedarf, ein *sen* schließlich, der von Gefallenheit und Schuld ausgeht und aus ihnen heraus ein primordiales Erlösungsbedürfnis ableitet. Bedenkt man darüber hinaus noch, daß dieser *sen* auch das Thema der Auserwählung und Erlösung mit umfassen und die Quintessenz eines Romans umschreiben soll, der in Perceval einen ganz persönlichen Helden vorstellt, der keinen Anflug von Allegorie trägt, so wird einem klar, wie schwer es sein wird, diesen Anforderungen des *Conte del Graal* gerecht zu werden. Wenn wir hoffen, daß uns dies gelingen wird, so einmal auf Grund der Erfahrungen, die wir aus der Interpretation des *Conte del Graal* und der vergleichenden Lektüre anderer Romane Chrétiens, vor allem des *Yvain* geschöpft haben, sodann dank der Berücksichtigung der Schule von Chartres.

Fragen wir uns zunächst einmal, inwieweit der *Conte del Graal* als Fortsetzung der Linie, die sich in den anderen Romanen Chrétiens anzeigt, gedeutet werden kann.

Woods Versuch, die „plot structure" von *Guillaume d'Angleterre, Erec, Yvain* und *Perceval* auf eine Formel zu bringen, mag uns hier als Ausgang dienen:

> «A hero achieves the realization of his worldly ambitions and desires in an introductory passage. He is then made aware of some error or fault or of some less obvious reason which forces him to abandon his lofty pinnacle of happiness. This point in the plot can be likened to the initial impulse of a drama for it serves to motivate the main body of the poem which is a series of adventures concerned with the hero's efforts to recover his former status, presumably through his becoming more deserving of it by the correction of his error or by the expiation of his fault.» [5]

[5] William S. Woods, „The Plot Structure in Four Romances of Chrestien de Troyes", *Studies in Philology,* L, 1953, 4; zit. nach J. H. Reason, „An Inquiry into the Structural Style and Originality of Chrestien's *Yvain*", *Stud. in Romance Lang. and Lit.*, vol. LVII, 1958, S. 12.

Wendet man diese Formel auf den *Conte del Graal an,* so wird man feststellen müssen, daß sie nur einen Teil der Handlung deckt, sie läßt den ersten Fehler Percevals außer acht und reicht nur bis zur *joie de la cort.* „A hero achieves the realization of his worldly ambitions" entspräche der Entwicklung von der Begegnung mit dem Roten Ritter und dem ersten Besuch am Hofe des König Artus bis Belrepeire einschließlich, gipfelnd in der Prozession, die zu Ehren des scheidenden Perceval veranstaltet wird, „he is then made aware of some error or fault" fände eine Entsprechung in den Vorhaltungen der *puceles,* „the hero's efforts to recover his former status" wären zu sehen in der Wiedergutmachung der Schuld am Zeltfräulein, im Liebesgedenken und in der Rache an Keu für seine beleidigende Behandlung des Mädchens am Hofe des König Artus.

Es ist also ganz offensichtlich, daß die „plot structure" von *Erec* und *Yvain*[6] im *Conte del Graal* eine bedeutende Akzentverschiebung erfährt, sie wird in den Rahmen eines umfassenden Geschehens eingelagert, innerhalb dessen sie nur den Charakter einer zentralen Phase einnimmt, die jedoch auch in sich selbst mit der Graalsburgszene über ein Element verfügt, das über sie hinaus verweist.

Wenn daher den *Conte del Graal* vieles mit *Erec* und *Yvain* verbindet, so erhält doch all dies in ihm eine andere Dimension. Schuld im höfischen Sinne kennt der *Conte del Graal* wie jeder andere Roman Chrétiens, und das verbindet ihn mit diesen, aber diese Schuld wird in ihm in eine tiefere, existentiellere Schuld hineingestellt, wird Teil einer sie umfassenden und bedingenden Schuld. Wiedergutmachung und Sühne ist zentrales Thema des *Conte del Graal* wie auch anderer Romane Chrétiens, aber hier sind sie es in zweifacher, in ihrer Bedeutung gestufter Weise, einmal im Rahmen der höfischen Schuld, sodann in dem der vorhöfischen Schuld, die erst gelöst werden kann, nachdem der Bereich des Höfischen durchlaufen und überschritten ist.[7]

Der *Conte del Graal* schließt an das Gesamtromanschaffen des Chrétien an, aber er geht zugleich über es hinaus und setzt tiefer an.

Wir haben schon erwähnt, daß sich für diesen tieferen Ansatz Vorzeichen im *Yvain* beobachten lassen, die es gestatten, die organische Entwicklung der Thematik bei Chrétien zu verfolgen. Im *Yvain* sind erstmalig Akzente gesetzt, die den Rahmen des Höfischen überspielen, Akzente, die scheinbar nur am Rande liegen, aber unüberhörbare Hinweise sind für den mit dem *Perce-*

[6] *Guillaume d'Angleterre* dürfte wohl auch kaum durch die zitierte „plot structure" erfaßt werden können.

[7] Hier liegt ein weiterer, struktureller Grund für das Scheitern des Perceval auf der Graalsburg. Hätte Perceval beim Fischerkönig die Gnade der Einsicht erhalten, so wäre, nach dem Prinzip der Gradation, die H. Hatzfeld als eines der beiden strukturellen Grundprinzipien chrétienscher Romane bezeichnet hat (*Literature through Art,* 1952, S. 218) das Transzendentale dem immanent Höfischen untergeordnet worden, was keineswegs in der künstlerischen Absicht Chrétiens gelegen hätte.

val Vertrauten. Da sind die pessimistischen Klänge im Bereich der Liebe, die provenzalischer Dichtung entlehnt sein dürften,[8] da ist der Gedanke, daß ein schwacher Mensch durch *us et acostumance* es weiter bringe als der in der *joie* lebende,[9] eine Vorstellung, die im *Conte del Graal* geradezu leitmotivartiges Echo findet.[10] Zu bedenken wären auch die starken sozialen Akzente in der Seidenweberinnenszene, Verse, in denen der Vorwurf ungerechten Lohnes erhoben zu werden scheint,[11] in denen also die Illusion der ethischen Integrität des Besitzenden angetastet wird, Verse, die aber auch ein direktes Echo im *Conte del Graal* finden, wie wir in der Besprechung der Szene mit der *pucele cheitive* gesehen haben;[12] erwähnt werden muß hier auch die Gestalt der *cheitive* im *Yvain*, die, wie die *pucele cheitive* im *Perceval*, mit Recht ihr Schicksal als unverdient beklagt:

«Sire chevaliers! ja Des n'et
De l'ame de mon cors merci,
Si je l'ai mie desservi![13]

Immer wieder schwingt jedoch das Pendel zurück in die höfische Lage, die *cheitive* wird von Ivain befreit, und der Erbschaftszwist der Schwestern wird von ihm, dem Ritter, geschlichtet.

Ähnlich verhält es sich auch mit jenen religiösen Momenten, die im *Yvain* dem *Perceval* präludieren; sie sind überraschend stark, werden aber dem Höfischen und Ritterlichen vorgespannt.

So möchte man in Vers 5380f das Geheimnis der Inkarnation Christi formuliert sehen:

Por li servir devenist hon,
S'issist de sa deïté fors

Das Thema der Erlösung beginnt Chrétien also schon hier zu beschäftigen. Aber wenn wir uns den Zusammenhang näher ansehen, werden wir feststellen müssen, daß dieses religiöse Gut dem Höfischen dient, wird es doch verwendet, um dem Gedanken Relief zu verleihen, daß *Amor* seine ganze Kraft und Kunst aufgewendet hat, um ein Mädchen mit Liebreiz auszustatten. Und dennoch ist diese zunehmende Gegenwart ursprünglich religiösen Gutes im *Yvain* symptomatisch, sie ist es vor allem, wenn sie sich so stark dem Thema der Erlösung zuwendet, daß Yvain als ein Held gefeiert wird, über den man mehr Freude empfindet als über *celui, qui fist tot le mont, S'il fust venuz de ciel an terre.*[14] Hier ist die Parallelität zum Erlöser Perceval nahezu vollkommen.

Der *Yvain* weist also in verschiedener Hinsicht auf den *Conte del Graal* voraus,[15] ja er enthält die zentrale Thematik desselben schon im Keim, Yvain

[8] Vgl. Ausführungen S. 92f. [9] *Yvain*, v. 3582ff.
[10] *Conte del Graal*, v. 523ff, 1013ff, 1284ff. [11] *Yvain*, v. 5306ff.
[12] *Conte del Graal*, v. 3698ff. [13] *Yvain*, v. 3598ff. [14] *Yvain*, v. 5782f.
[15] Man beachte auch, daß Yvain eine ähnliche geistige Öde erleben muß wie Perceval, daß er in dieser Zeit einem Eremiten begegnet.

und Perceval sind berufen zu Profanerlösern in einer Welt, die der Gesetze der Höfischkeit und Ritterlichkeit vergißt, er führt also unmittelbar zum *Perceval* hin und ist geeignet, einen Teil seiner Grundthematik zu erklären.

Um aber die hervorragende geistige Architektur, die der *Conte del Graal* verrät, zu verstehen, müssen wir den Blick auf jene Schule wenden, die wir im Verlaufe unserer Interpretation oft zu erwähnen Gelegenheit gehabt haben.

So haben wir schon darauf hingewiesen, daß Perceval der Sohn des Waldes ist, der Ungeprägte, Stoffliche, daß er gewissermaßen jene *Hyle* ist, die Bernhardus Silvestris im Bilde der *Silva* faßt; Perceval ist *Silva,* die sich aufmacht in die Formwerdung:

> Silva rigens, informe chaos, concretio pugnax,
> Discolor usiae vultus, sibi dissona massa,
> Turbida temperiem, formam rudis, hispida cultum
> Optat et a veteri cupiens exire tumultu
> Artifices numeros et musica vincla requirit.[16]

Dieser Ausgang aus der *Silva* ist ebensowenig für Bernhardus Silvestris wie für Chrétien des Troyes ein Verleugnen des Ursprungs:

> Debetur nonnullus honos et gratia silvae.[17]

Silva bleibt der tragende Grund *(silva parens),*[18] die Wiege der Welt:

> Et genitiva tenet gremio diffusa capaci
> Has infra veluti cunas infantia mundi.[19]

Das ungeprägte Element verlangt danach, *vestiri cultius,*[20] und so verläßt der *orbis* die weinende Mutter:

> Has lacrimas tener orbis habet, nutricis ut ipso
> Decedat gremio silvamque relinquat alumnam.[21]

Sollte diese Parallelität auf einem Zufall beruhen? Wir glauben dies schon jetzt verneinen zu können, werden aber im folgenden zeigen, daß die Verbindungen zu Chartres noch viel weiter reichen, die ganze geistige Architektur des *Perceval* betreffen, so daß man sagen möchte, es sei die Schule von Chartres gewesen, die Chrétien gestattet hätte, in einem genialen Entwurf Gedanken, die ihn schon im *Yvain* stark beschäftigten, eine die Jahrhunderte überdauernde, immer wieder zur Nachnahmung anspornende Gestaltung zu geben.

So gibt uns der Blick auf Chartres auch eine Erklärung für die geheimnisvolle, mit dem Ausritt des Perceval sich einstellende Schuld an seiner Mutter.

[16] Bernardi Silvestris *De Mundi Universitate,* I, 18 ff; éd. C. S. Barach und J. Wrobel, Innsbruck 1876.

[17] Ebda., v. 37. [18] Ebda., v. 29. [19] Ebda., v. 38 f. [20] Ebda., v. 40.

[21] Ebda., v. 41 f.

Diese Sünde ist wesenhaft identisch mit dem Schmerz *(ce fu li diaus)*,[22] den Perceval durch sein Entlassenwerden in die Welt seiner Mutter zufügt, ist jenes kollektive und doch je-besondere Schicksal des Menschen, der sich von der Stofflichkeit zur Form und Nuswerdung erhebt, des Menschen, der unter der Erbsünde steht.

Der *Conte del Graal* ist gewiß nicht eine Allegorie, aber sein Dichter scheint uns hier doch ins Werk zu setzen, was Bernhardus Silvestris vom wahren Dichter verlangt:

Scribit enim in quantum est philosophus humanae vitae naturam.[23]

Muß nicht auch zu bedenken geben, daß Chrétien zu Beginn des Prologs zum *Conte del Graal* dichtungstheoretische Aussagen macht, die weit über die immanent rhetorischen des *Guillaume d'Angleterre*[24] und auch über die von *Erec et Enide*[25] hinausgehen, die, in Übereinstimmug mit provenzalischen dichtungstheoretischen Äußerungen etwa eines Marcabru das Dichten im Bilde des Säens einfangen, eine Konzeption, die auf biblische Vorstellungen zurückgeht[26] und in der provenzalischen Dichtung nicht von ungefähr auch im Terminus *castiar* diese Herkunft lebendig erhält.[27] Chrétien möchte im *Conte del Graal* höheren, d. h. philosophischen Ansprüchen genügen, möchte eine philosophische *veritas* über das Medium der Dichtung gestalten.

Perceval ist Mensch und Individuum, aber er ist irgendwie auch typisch Mensch, er ist ein unter dem dichterischen *tegumentum* dargestellter *humanus spiritus in humano corpore temporaliter positus*, der die *humanae vitae natura*[28] als philosophischen Wahrheitskern enthält. Perceval ist der ganz persönliche Ritter Perceval, so wie Aeneas der persönlich berufene Sohn des Anchises war, aber wenn er in der Eremitenszene erfahren muß, daß sein ganzes Leben ein Krebsgang war, an dem vor den Augen der Theologie bitter

[22] *Conte del Graal*, v. 6394.

[23] *Commentum Bernardi Silvestis super sex libros Eneidos Virgilii*, éd. G. Riedel, Gryphiswaldae 1924, S. 3, 11 f.

[24] *Guillaume d'Angleterre*, v. 1–6. [25] *Erec et Enide*, v. 11–18.

[26] Vgl. Lk. 8, 11.

[27] *E s'ieu cug anar castian*
La lor folhia, quier mon dan;
Pueys s'es pauc prezat si'm n'azir,
Semenan vau mos castiers
De sobre'ls naturals rochiers
Que no vey granar ni florir.
(Ed. Déjeanne, *Poésies complètes du Troubadours Marcabru*, Toulouse 1909, XLI, 25 ff.)
Hierzu ausführlicher in unserer Studie *Trobar clus Bibelexegese und Hispano-Arabische Literatur*, Münster 1965, S. 8 ff, 52 f. – Man beachte auch, wie im Prolog *Chrétiens* zum *Perceval* der Sinn ähnlich wie bei den Troubadours zwischen dichtungstheoretischen und lukrativen Erwägungen schwingt.

[28] *Commentum Bernardi Silvestris*, a.a.O. ebda., S. 13 f.

wenig von dem vielgerühmten „spiritual ascent" bleibt,[29] wenn ihm nach dieser Erkenntnis nichts Besseres zu tun bleibt, als wenigstens einen Teil seiner Schuld wieder gutzumachen,[30] dann vollzieht Perceval schlechthin die *conditio humana,* die er wie Christus austragen muß, um ein Erlöser für seine Welt werden zu können.

Es ist wohl auch kein Zufall, wenn uns diese Gedanken zu einer philosophischen Dimension des im *Conte del Graal* Gestalt Findenden zu Macrobius zurückführen, auf dessen Ideen Bernhardus Silvestris in seinem Kommentar zur *Aeneis* bekanntlich fußt. Chrétien de Troyes zeigt in *Erec et Enide,* daß er diesen Macrobius nicht nur kennt, sondern ihn, in Übereinstimmung mit der Schule von Chartres, als Autorität anerkennt *(an trai a garant Macrobe).*[31] Es ist aber kaum vorstellbar, daß Chrétien, wenn er Macrobius kannte, nicht auch dessen Vorstellungen von der Dichtung als *tegumentum* der *humanae vitae natura* gekannt hätte.

Nichts hindert uns also daran, den überraschenden Verbindungen zwischen dem *Conte del Graal* und den Ideen von Chartres nachzugehen und die Konsequenzen daraus zu ziehen für die Umschreibung des literarischen Standorts für diesen letzten Roman Chrétiens.

Indes möchte man vielleicht einwenden, daß die Deutung der ersten Schuld Percevals als eine der Erbsünde analoge, den Menschen beim Eintritt in die Welt umfassende Schuldhaftigkeit schon daran scheitere, daß Chrétien beim Eremiten beichte, eine Erbsünde jedoch kann man wohl kaum beichten. Als Erwiderung wäre darauf hinzuweisen, daß Perceval in der Eremitenszene keineswegs seinen ersten Sündenfall beichtet, sondern nur das Unterlassen der Fragen auf der Graalsburg (v. 6373 ff) und seine anschließende, fünf Jahre dauernde Gottferne (v. 6364 ff). Jene andere, jene Ursünde aber erkennt nur der Eremit, der mit theologischen Dingen Vertraute *(mout t'a neü Uns pechiez don tu ne sez mot),*[32] Perceval bekennt sie nirgends, auch nicht nach ihrer Enthüllung durch den Eremiten, nur über das Bekenntnis aber hätte eine Todsünde[33] gelöst werden können.

Perceval ist also der Mensch schlechthin, aber er ist zugleich mehr als dies, er ist ein Mensch, in dem sich die gefallene Natur stellvertretend aufmacht

[29] M. A. Klenke, „The spiritual ascent of Perceval", *Studies in Philology,* LIII, 1956, S. 1–21.

[30] *Ce vuel que por tes pechiez faces,*
Se ravoir viaus totes les graces
Ausi con tu avoir les siaus. (*Conte del Graal,* v. 6471–6473)

[31] *Erec et Enide,* v. 6676. Dazu St. Hofer, *ZRPh,* 1928, XLVIII, S. 130 f, wo überzeugend glaubhaft gemacht wird, daß Chrètien des Macrobius Kommentar zum *Somnium Scipionis* gekannt hat.

[32] *Conte del Graal,* v. 6392 f.

[33] Diese sehen, wie schon erwähnt, M. Lot-Borodine und Martín de Riquer in der Schuld Percevals.

zur Intervention bei Gott,[34] in dem der *Planctus Naturae*, der den Hof des König Artus, der Belrepeire, der auch die Familie des Fischerkönigs gefangen hält, auf seine Erlösung hofft. Daher führt der Weg dieses zum Erlöser berufenen Menschen auch über das „enseignement", es wird ihm, wie der *Philologia* in *De Nuptiis Mercurii et Philologiae*, die Summe menschlichen Wissens mit auf den Weg gegeben, ja diese soll ihm den Weg bereiten zur Eschatologie. Chrétien de Troyes transponiert diese Verhältnisse in eine dem höfischen Roman angemessene Welt, aber die Strukturanalogie ist unübersehbar: das ritterliche „enseignement" übernimmt die Rolle der *Artes liberales*, geleitet Perceval in die Eschatologie der Graalsburg, in die mythische Transzendenz, die Chrétien unter Zuhilfenahme keltischer und vergilischer Elemente und unter Beifügung eines christlichen, der späteren echten Transzendenz der Gnade präludierenden Fluidums in der Graalsburgszene gestaltet. Wie aber das Wissen die *Philologia* letztlich nicht in die Eschatologie begleiten, diese nur vorbereiten kann, wie die *Philologia* eine ganze Bibliothek des Wissens erbrechen muß, bevor sie Eingang zu den Himmlischen erhält, wie auch *Sapientia* im *Anticlaudianus* die helfenden Musen zurücklassen muß[35] und ihr nur noch der Rat der Theologie weiterhilft, so versagt auch im *Conte del Graal* das „enseignement" trotz seiner unumgänglichen vorbereitenden Funktion letztlich den Weg zur Transzendenz und übernatürlicher Sinngebung; es kann nur in den Mythos führen, entscheidend weiterhelfen können nur Gnade und Theologie, wie sie die Eremitenszene auf die Fürsprache der Mutter[36] Perceval vermittelt.

Leider ist es uns nicht vergönnt gewesen, Perceval als *homo nouus* nach der Eremitenszene zu erleben, da der Tod Chrétien an der Darstellung der Schlußphase des *Conte del Graal* gehindert hat. Sicher hätte hier Perceval als „erlöster Erlöser"[37] das Ideal des höfisch-ritterlichen Menschen neu bestätigt, mündet doch auch im *Anticlaudianus* die eschatologische Bewegung in die Kreation einer höfisch-humanistischen Idealgestalt ein (*homo nouus* oder *iuuenis*),[38] die sich mit *iuuentus, copia, fauor, fama, risus* und *pudor* als

[34] *Congeries informis adhuc cum silva teneret*
Sub veteri confusa globo primordia rerum,
Visa Deo natura queri mentemque profundam
Conpellasse noym. (*De Mundi Univ.*, a.a.O.,I, 1 ff, S. 7)

[35] Alain de Lille, *Anticlaudianus*, publ. par R. Bossuat, textes philos. du m. a., 1, Paris 1955, VII, v. 265 ff.

[36] *Conte del Graal*, v. 6403 ff, so steht hinter dem Unternehmen von *Sapientia* im *Anticlaudianus* die Autorität und Unterstützung von *Natura*.

[37] Wir übernehmen die Formel von Erich Köhler, *Ideal und Wirklichkeit* ..., S. 191.

[38] *Anticlaudianus*, a.a.O., VI, 330 ff, VII 77 ff; H. R. Jauss, „Form und Auffassung der Allegorie in der Tradition der Psychomachia", *Medium Aevum Vivum*, Festschrift für Walther Bulst, Heidelberg 1960, S. 179–206, ebda., S. 198, Anm. 60 a, möchte, durch U. Mölk hierzu angeregt, in diesem *iuuenis* das provenzalische *jovens* sehen, hiergegen wäre jedoch einzuwenden, daß *jovens* schon in einer Eigenschaft dieses *iuuenis*, nämlich *iuuentus*, allegorisch Gestalt gewinnt. *Iuuenis* scheint

Summe höfischer und zugleich humanistischer Virtutes auszeichnet.[39] Gewiß hätte diese Schlußphase des *Conte del Graal* die ideale höfische Mannesgestalt auch zurückgeführt zu Blancheflor, zu dieser Frau, der Chrétien von vornherein Züge verleiht, die sie zur *amie et fame* des *homo nouus* prädestinieren,[40] zur in der Liebe vollkommenen *joie de la cort*.[41]

uns bei Alanus von Insulis eine menschliche Vollgestalt zu meinen, ein Idealbild des humanistisch gebildeten Menschen, und es wäre zu überprüfen, ob dieses Idealbild als Resultat einer eschatologischen Bewegung nicht das Ergebnis eines zwischen Chartres und Chrétien de Troyes laufenden eschatologischen Dialogs ist. R. Bossuat setzt den *Anticlaudianus* Ende 1182 – Anfang 1183 an (a.a.O. S. 13). C. Vasoli gibt in seinem Forschungsbericht (*Istituto Storico Italiano per il Medio Evo*, 72, 1960, S. 35–89, ebda., S. 41) 1182–1184 an. Für den Conte del Graal ist die Datierung leider noch sehr umstritten. (R. Lejeune, „La date du Conte du Graal de Chrétien Troyes", *MA*, LX, 1954, S. 51–79; zur sich daran anschließenden Diskussion zwischen A. Fourrier und R. Lejeune vgl. abschließend P. Zumthor, „Toujours à propos de la date du *Conte des Graal*", in *MA*, LXV, 1959, S. 579–586; Jean Misrahi, „More light on the chronology of Chrétien des Troyes?", BBSA, 11, 1959, S. 89–120, berücksichtigt den *Perceval* nicht; Martín de Riquer setzt im Artikel „graal" des Dict. des lettres françaises, Bd. *Moyen Age*, Paris 1964, den *Conte del Graal* nach 1181 an.)

39 *Anticlaudianus*, VII, 77 ff.

40 Vgl. *Conte del Graal*, v. 1795–1829, vor allem v. 1815–1818, wo eine starke „humanistische" Note zum Vorschein tritt.

41 Es will uns scheinen, als liege auch im Gauvainteil eine Bestätigung für unsere im zweiten Teil entwickelte These. Es ist nämlich durchaus denkbar, daß der Gauvainautor die Vorstellung gehabt hat, in Gauvain eine Art *homo nouus* vorzustellen, dessen Werden Perceval durch seine (ihm unbewußte) Interzession im Jenseits ermöglicht hat. Man könnte sogar darauf hinweisen, daß nach der Eremitenszene, also nach dem beispielhaften Einbruch der Gnade im „erlösten Erlöser", dem Gauvain eine Art märchenhafte Eschatologie gelingt, stößt er doch zu den längst verschiedenen Urahnen des Artuskreises vor.

Bibliographie

Adolf, Helen, A historical background for Chrétien's Perceval, PMLA, t. LVIII, 1943, S. 597–620.

Adolf, Helen, Studies in Chrétien's „Conte del Graal", MLQ, t. VIII, 1947, S. 3–19.

Adolf, Helen, „Visio Pacis", Holy City and Grail, Philadelphia 1960.

Anitchkof, E., Le Saint Graal et les rites eucharistiques, Romania, t. LV, 1929, S. 174 bis 194.

Becker, Ph. A., Von den Erzählern neben und nach Chrétien de Troyes, ZRPh, t. LV, 1935, S. 400–416.

Becker, Ph. A., Neues über Chrétien de Troyes, RF, t. LX, 1948, S. 536–545.

Benton, J. F., The Court of Champagne as a Literary Center, Speculum, XXXVI, 1961, S. 551–591.

Bezzola, R. R., Le Sens de l'Aventure et de l'Amour, Paris 1947.

Bezzola, R. R., Les Origines et la Formation de la Littérature courtoise en Occident, III, 2, 1963, S. 422 ff.

Brown, A. C. L., Did Chrétien identily the Grail with the Mass? MLN, t. XLI, 1926, S. 226–233.

Brown, A. C. L., The Origin of the Grail Legend, Cambridge (Mass.), 1943.

Brunel, Cl., Les Hanches du Roi Pêcheur, Romania, t. LXXXI, 1960, S. 37–43.

Burdach, K., Der Graal. Forschungen über seinen Ursprung und seinen Zusammenhang mit der Longinuslegende, Stuttgart 1938.

Cohen, G., Un grand romancier d'amour et d'aventure au XIIe siècle, Chrétien de Troyes et son œuvre, Paris 1931, ^{2}1948.

Colby, A. M., The Style of the Portraits in the Works of Chrétien de Troyes, Col. Univ., thèse de doctorat, 1962 (war uns bisher nicht erreichbar).

Delbouille, M., Genèse du Conte del Graal, Les Romans du Graal dans la littérature des XIIe et XIIIe siècles, Paris 1956, S. 249–277.

Faral, E., Note sur la nature du Graal, Les Romans du Graal dans la litt. des XIIe et XIIIe siècles, Paris 1956, a.a.O. S. 59–62.

Fotitch, T. Z., The Narrative Tenses in Chrétien de Troyes, Washington 1950.

Fourquet, J., Le rapport entre l'œuvre et la source chez Chrétien de Troyes et le problème des sources bretonnes, RP, t. IX, 1955, S. 298–312.

Fourrier, A., Le courant réaliste dans le roman courtois en France au moyen âge, I, Les Débuts, Paris 1960.

Fourier, A., Remarques sur la date du „Conte del Graal" de Chrétien de Troyes, BBSIA, 7, 1955, S. 89–101, vgl. auch BBSIA, 10, 1958, S. 73–85.

Fowler, D. C., Prowess and Charity in the Perceval of Chrétien de Troyes, Seattle 1959.

Frappier, J., Le Conte du Graal est-il une allégorie Judéo-chrétienne?, RPh, XVI, 1962/63, S. 179–213.
Frappier, J., Sur la composition du Conte du Graal, MA, t. LXIV, 1958, S. 67–102.
Frappier, J., Chrétien de Troyes, L'Homme et l'œuvre, Paris 1957.
Frappier, J., Le roman breton, Chrétien de Troyes, Perceval ou le conte du Graal, Paris 1953.
Frappier, J., Le Graal et la chevalerie, Rom., t. LXXV, 1954, S. 165–210.
Frappier, J., Le Graal et l'hostie, Les Romans du Graal, a.a.O. S. 63–78.
Frappier, J., Sur l'interprétation du vers 3301 du „Conte du Graal", Romania, t. LXXI, 1950, S. 240–246; vgl. auch BBSIA, 2, 1950, S. 89–93, Romania, t. LXXIII, 1952, S. 82–92, BBSIA, 6, 1954, S. 75–78, Rom., t. LXXIV, 1953, S. 358–375.
Frappier, J., Note complémentaire sur la composition du Conte du Graal, Romania, t. LXXXI, 1960, S. 308–337.
Frappier, J., Virgile, source de Chrétien de Troyes? RP, XIII, 1959/60, S. 50–58.
Gallais, P., Perceval et la conversion de sa famille, CCM, IV, 1961, S. 475–480.
Goose, A., Sur le Graal, Les Lettres Romanes, t. XII, 1958, S. 302–308.
Gossen, C. Th., Zur etymologischen Deutung des Grals, Vox Romanica, t. XVIII, 1959, S. 177–219.
Gsteiger, M., Die Landschaftsschilderungen in den Romanen Chrétiens von Troyes, Diss. Bern, Winterthur 1958.
Guerrieri-Crocetti, Perceval, Filologia Romanza, VI, 1959, S. 113–149.
Guyer, F. E., Romance in the Making, Chrétien de Troyes and the Earliest French Romances, New York 1954.
Guyer, F. E., Chrétien de Troyes, Inventor of the Modern Novel, London 1960.
Hatzfeld, H., Deuten Stilelemente in Chrétiens „Perceval" auf eine strukturelle Einheit?, Medium Aevum Romanicum, Festschrift für H. Rheinfelder, 1963, S. 140 bis 160.
Heinimann, S., Zur stilgeschichtlichen Stellung Chrétiens, Mélanges I. Frank, Saarbrücken 1957, S. 235–249.
Heinimann, S., Das Abstraktum in der französischen Literatursprache des Mittelalters, Rom. Helv. 73, 1963.
Hilka, A., Die direkte Rede als stilistisches Kunstmittel in den Romanen des Kristian von Troyes, Halle 1903.
Hofer, St., Chrétien de Troyes, Leben und Werk des altfranzösischen Epikers, Graz-Köln 1954.
Hofer, St., La structure du conte du Graal examinée à la lumière de l'œuvre de Chrétien de Troyes, Les Romans du Graal, a.a.O. S. 15–26.
Hofer, St., Beiträge zu Kristian, ZRPh, t. XLVIII, 1928, S. 128–133.
Hofer, St., Bemerkungen zum Perceval, RF, t. LXVII, 1956, S. 36–54.
Hoffmann, Stanton de V., The Structure of the „Conte del Graal", RR, t. LII, 1961, S. 81–98.
Holmes, U. T., A New Interpretation of Chrétien's „Conte del Graal", Univ. of North Carol. Studies in Rom. Lang. and Lit., t. VIII, 1948.
Holmes, U. T., Sister M. A. Klenke, Chrétien, Troyes, and the Grail, Chapel Hill, 1959.
Imbs, P., L'élément religieux dans le Conte du Graal de Chrétien de Troyes, Les Romans du Graal, a.a.O. S. 31–53.

Jackson, K., Les Sources celtiques du roman du Graal, Les Romans du Graal, a.a.O. S. 213–231.
Jodogne, O., L'autre monde celtique dans la litt. franç. du XIIe siècle, Bulletin de la Cl. des Lettres et Sc. mor. et polit., 5e série, t. XLVI, 1960, S. 584–597.
Jodogne, O., Le sens chrétien du jeune Perceval dans le „Conte du Graal", LR, t. XIV, 1960, S. 111–120.
Kellermann, W., Aufbaustil und Weltbild Chrestiens von Troyes im Percevalroman, Halle 1936.
Klenke, M. A., The Blancheflor-Perceval Question, RP, t. VI, 1952/53, S. 173–178.
Klenke, M. A., Chrétien's symbolism and cathedral art, PMLA, LXX, 1955, S. 223 bis 243.
Klenke, M. A., The Spiritual Ascent of Perceval, Studies in Philology, t. LIII, 1956, S. 1–21.
Klenke, M. A., Liturgy and Allegory in Chrétien's Perceval, Univ. of Carol. Studies in the Rom. Liter., 14, Chapel Hill, 1951.
Klenke, M. A. (vgl. U. T. Holmes).
Klenke, M. A., Chrétien's concept of Charity: Perceval versus Gauvain, Kentucky Foreign Quarterly, IX, 1962, S. 219–230.
Köhler, E., Ideal und Wirklichkeit in der höfischen Epik, Tübingen 1956.
Köhler, E., Zur Diskussion über die Einheit von Chrestiens Li Contes del Graal, ZRPh, t. LXXV, 1959, S. 523–539.
Köhler, E., Die drei Blutstropfen im Schnee, GRM, NF, IX, 1959, S. 421 ff.
Kolb, H., Die Blutstropfenepisode bei Chrétien und Wolfram, Beitr. z. Gesch. d. dt. Sprache und Lit., 79, 1957, S. 363–379.
Lejeune, R., La date du „Conte del Graal" de Chrétien de Troyes, MA, t. LX, 1954, S. 51–79 (vgl. auch BBSIA 9, 1957, S. 85–110).
Lejeune, R., Préfiguration du Graal, Studi Medievali, t. XVII, 1951, S. 277–302.
Levy, R., Literary Criticism of the „Conte del Graal", Homage to Ch. B. Qualia, Lubock, Texas, 1962, S. 39–46 (war uns bisher nicht erreichtbar).
Lewis, C. S., The Allegory of Love, Oxford 1948.
Loomis, R. S., Arthurian Tradition and Chrétien de Troyes, New York 1947.
Loomis, R. S., Grail Problems, RR, t. XLV, 1954, S. 12–17.
Loomis, R. S., The Grail Story of Chrétien de Troyes as Ritual and Symbolism, PMLA, t. LXXI, 1955/56, S. 840–852.
Loomis, R. S., The Grail from Celtic Myth to Christian Symbol, Cardiff and New York 1963.
Lot-Borodine, M., Le Conte del Graal de Chrétien de Troyes et sa présentation symbolique, Romania, t. LXXVII, 1956, S. 235–288.
Marx, J., Recherches sur le conte d'aventure, canevas du conte du Graal de Chrétien de Troyes, MA, t. LXVII, 1961, S. 439–477.
Marx, J., Le Problème des Questions du Graal, Les Romans du Graal, a.a.O. S. 249 bis 277.
Marx, J., Quelques remarques au sujet de récents travaux sur l'origine du Graal, MA, t. LXIII, 1957, S. 469–480.
Marx, J., La légende arthurienne et le Graal, Paris 1952.
Marx, J., Le roman gallois de Peredur, Et. Celt., IX, 1960, S. 92–105.
Marx, J., La quête manquée de Gauvain, Mélanges offerts à Étienne Gilson, 1959, S. 415–436.

Marx, J., Nouvelles recherches sur la littérature arthurienne, Paris 1965.
Micha, A., La tradition manuscrite des romans de Chrétien de Troyes, Paris 1939.
Micha, A., Encore le „Graal trestot descovert“, Romania, t. LXXII, 1951, S. 236 ff.
Micha, A., Deux études sur le Graal, Romania, t. LXXIII, 1952, S. 462–479, t. LXXV, 1954, S. 316–352.
Micha, A., Le Perceval de Chrétien, roman éducatif; Lumière du Graal, Cahiers du Sud, 1951, S. 121–131.
Misrahi, J., More Light on the Chronology of Chrétien de Troyes?, BBSIA, 11, 1959, S. 89–120.
Newstead, H., The Blancheflor-Question Again, RP, VII, 1953, S. 171–175.
Newstead, H., Bran the Blessed in Arthurian Romance, New York 1939.
Nitze, W. A., Perceval and the Holy Grail, Univ. of Carol. Publ. in Mod. Phil., t. XXVIII, 1949, S. 281–332.
Nitze, W. A., The Fisher King and the Grail in Retrospect, RP, VI, 1952, S. 14–22.
Nitze, W. A., The Guinganbresil Episode in Chrétien's Perceval, Romania, t. LXXII, 1951, S. 373–380.
Nitze, W. A., and H. T. Williams, Arthurian Names in the Perceval of Chrétien de Troyes, Univ. of California Publ. in Mod. Phil., XXXVIII, 3, 1955, S. 265–297.
Owen, D. D. R., The Radiance in the Grail Castle, Romania, t. LXXXIII, 1962, S. 108–117.
Olschki, L., Il castello del Re Pescatore e i suoi misteri nel „Conte del Graal“ di Chrétien de Troyes, Atti dell'Accad. Naz. dei Lincei, CCCLVIII, 1961, 8e s., X, S. 101–159.
Pauphilet, A., Le Legs du Moyen Age, Melun 1950.
Richter, E., Die künstlerische Stoffgestaltung in Chrétiens Yvain, ZRPh, 39, 1919, S. 393 ff.
Riquer, M. de, Perceval y Gauvain en „Li Conte del Graal“, Fil. Rom., t. IV, 1957, S. 119–147.
Riquer, M. de, La Composición de „Li Contes del Graal“ y el „Guiromelant“, Boletín de la Real Acad. de Buenas Letras de Barcelona, t. XXVII, 1957/58, S. 279–320.
Riquer, M. de, Perceval y las gotas de sangre en la neve, Revista de Fil. Española, t. XXXIX, 1955, S. 186–219.
Riquer, M. de, Interpretación cristiana de „Li Contes del Graal“, Miscelánea Filol. ded. a Mons. A. Griera, t. II, Barcelona 1960, S. 209–283.
Riquer, M. de, art. „graal“, Dict. des Lettres françaises, Bd. Le moyen âge, Paris 1964.
Riemschneider, M., Li Rois Mahaigniés, RJ, t. IX, 1958, S. 126–136.
Roques, M., Le Graal de Chrétien et la demoiselle au Graal, Romania, t. LXXVI, 1955, S. 1–27.
Roques, M., Pour l'introduction à l'édition du „Roman de Perceval“ de Chrétien de Troyes, Romania, t. LXXXI, 1960, S. 1–36.
Roques, M., Le Graal dans les parlers d'oïl, Mélanges W. A. Nitze, RP, IX, 2, 1955, S. 196.
Séchelles, D. de, Le mythe arthurien dans le thème du Graal, Romania, t. LXXVIII, 1957, S. 182–198.
Stanger, M. de, Literary Patronage of the Medieval Courts of Flandre, French Studies, t. IX, 1957, S. 214–227.
Stauffer, M., Der Wald. Zur Darstellung und Deutung der Natur im Mittelalter, Diss. Zürich 1958.

Tyssens, M., „Une si granz clartez", MA, t. LXIX, 1963, S. 299–313.
Vendryes, J., Les éléments celtiques de la légende du Graal, Etudes celtiques, V, 1949, S. 1–50.
Vinaver, E., The Dolereus Stroke, Med. aev., t. XXV, 1956, S. 175–180.
West, G. D., The Description of Towns in Old French Verse Romances, French Studies, t. IX, 1957, S. 50–59.
Williams, M., Some aspects of the Grail Problem, Folklore, t. LXX, 1960, S. 85–103.
Wilmotte, M., Le poème du Graal et ses auteurs, Paris 1930.
Winkler, M., Der kirchliche Wortschatz in der Epik Chrétiens de Troyes, Diss. München 1958.
Wood, W. S., The Plot Structure in Four Romances of Chrestien de Troyes, Philology, L, Chapel Hill 1953, S. 1–15.
Zaddy, Z. P., Chrétien de Troyes and the Epic Tradition, CN 21, 1961, S. 71–82.
Zumthor, P., Toujours à propos de la date du „Conte del Graal" de Chrétien de Troyes, MA, t. LXV, 1959, S. 51–79.
Ziltener, W., Chrétien und die Aeneis, Köln-Graz 1957.

FSC
www.fsc.org
MIX
Papier | Fördert
gute Waldnutzung
FSC® C083411

Kolibri 360 GmbH
Ferdinand-Jühlke-Straße 7
99095 Erfurt, Deutschland
produktsicherheit@kolibri360.de